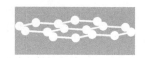

NAMI CAILIAO
XIFUFANGSHEXING HESU YINGYONG JI
LILUN JISUAN

纳米材料
吸附放射性核素应用及
理论计算

赵洪波　迟彩霞　赵海峰　著

化学工业出版社
·北京·

内 容 简 介

本书对纳米材料的制备、合成及其在放射性核素去除中应用及二者成键作用进行了详细阐述，具有较高的参考价值。全书重点对吸附去除放射性核素无机纳米材料的设计和开发，合成调控有机配体吸附放射性核素配合物以及 CCIs 稳定的双金属铜系配合物的合成和进一步固化放射性核素及去除进行探讨。全书共 4 章，内容分别涉及放射性核素的来源和危害，纳米材料的制备、合成与表征，理论计算方法，无机纳米材料吸附放射性核素以及无机氧化物 TiO_2 团簇铀酰复合物结构和界面性质计算等方面。

本书适合化学、化学工程与工艺、材料科学、应用化学、环境科学、电化学等专业的本科生、研究生以及相关领域的科学技术人员和工程技术人员参考使用。

图书在版编目（CIP）数据

纳米材料吸附放射性核素应用及理论计算/赵洪波，迟彩霞，赵海峰著 . —北京：化学工业出版社，2022.9（2023.6重印）

ISBN 978-7-122-41710-7

Ⅰ.①纳⋯ Ⅱ.①赵⋯②迟⋯③赵⋯ Ⅲ.①纳米材料-材料制备-应用-废水处理-研究 Ⅳ.①TB383 ②X703

中国版本图书馆 CIP 数据核字（2022）第 107736 号

责任编辑：陈 喆 王 烨　　　　　　　　文字编辑：陈 雨
责任校对：宋 夏　　　　　　　　　　　装帧设计：王晓宇

出版发行：化学工业出版社（北京市东城区青年湖南街 13 号　邮政编码 100011）
印　　装：北京盛通数码印刷有限公司
710mm×1000mm　1/16　印张 9¼　字数 156 千字　2023 年 6 月北京第 1 版第 2 次印刷

购书咨询：010-64518888　　　　　　　　售后服务：010-64518899
网　　址：http://www.cip.com.cn
凡购买本书，如有缺损质量问题，本社销售中心负责调换。

定　　价：128.00 元　　　　　　　　　　　版权所有　违者必究

前言
Preface

U、Th、Cs、Sr 等高辐射、高毒性放射性核素是冶金、采矿、核燃料和乏燃料产生的污染物，其循环使用和长期安全处置是环境和能源领域的重要课题。由于这些核素具有极其复杂的电子结构和化学特性，对其基本物化性质和成键性质的研究显得尤为重要。锕系核素具有多样氧化态，其配合物种类繁多，分离络合锕系离子的经典配体有碳、磷、氧、氮供体配体及其衍生物，这些配体对放射性核素的去除具有重要意义。最近研究发现，通过有机和无机配体协同作用，能够构建低价-高价双金属锕系配合物，这为放射性核素配位化学的进一步深入探索提供了契机。纳米材料被认为是在复杂条件下有效和选择性去除水溶液中放射性核素的潜在候选材料。虽然纳米材料去除放射性核素的研究和报道较多，但对新型纳米材料去除放射性核素的系统著作相对较少，并且大多数报道的吸附工作只关注了一种纳米材料及吸附特定的放射性核素。显然，在用于净化复杂放射性废水新型纳米材料的应用技术水平及理论研究方面缺乏全面的概述，因此作者在多年从事纳米材料去除锕系等放射性核素科研与教学研究的基础上编写了本书，力求填补这一空白。本书对纳米材料的制备、合成及其在放射性核素去除中应用及二者成键作用进行了详细阐述，具有较高的参考价值。全书适用性和针对性较强，对吸附去除放射性核素无机纳米材料的设计和开发；对合成调控有机配体吸附放射性核素配合物以及对 CCIs 稳定的双金属锕系配合物的合成和进一步固化放射性核素及去除具有一定的贡献。本书也可供相关领域的科学技术人员和工程技术人员参考。

在本书写作过程中，作者查阅和参考了大量纳米材料去除放射性核素及理论计算的相关著作和科技文献资料，引用了参考文献中的一些内容和图表等，在此特向这些作者们致以诚挚的谢意！由于本书涉及知识面广，作者学识有限，如有不足，恳请同行和读者批评指正！

本书的出版得到了黑龙江省环境催化与储能材料重点实验室项目（01071016）资金的支持，在此一并表示感谢！

著者

目录
Contents

第**3**章

无机纳米材料吸附放射性核素

第4章

无机氧化物TiO$_2$团簇铀酰复合物结构和界面性质计算

参考文献

第1章
绪论

1.1
放射性核素的来源和危害

如今，随着人口的增长和工业活动的迅速发展，全球能源需求显著增加，而能源的主要来源仍然是传统的化石燃料。由于化石燃料具有不可再生性，以及可再生能源的利用率很低（受技术限制人们仅能利用3.5%），因此核能作为一种重要的替代能源越来越受到重视。

核能具有很多优点：①核电站长期运行期间仅排放一小部分放射性核素；②温室气体排放量低；③可进一步生产安全、可靠、廉价的能源。因此，核能对全世界可持续、低碳和可靠能源的需求做出了重要贡献。但是，从环境保护和安全管理的角度来看，核废料的管理仍然是限制核能发展的最大因素之一，因为核电站的运行产生了大量放射性废物。目前全球高水平核废料产量约为10000t，主要由锕系元素铀、钍和其他放射性核素组成。一般来说，核废料可按放射性水平［高放射性废物（HLW）和低放射性废物（LLW）］或按物理形态（固体、液体或气体）进行分类。HLW一般包括作为燃料舱裂变、活化、微量锕系元素腐蚀副产品的固体废物，其安全处置和长期储存是核电工业面临的主要挑战之一。此外，选矿、采矿、乏燃料处理，以及医疗或科研中的操作等也将放射性废物引入环境。其中医疗产生的辐射往往都较弱，只有在发生了事故、放射性物质逸出时才会形成严重的环境污染，而核爆炸能够在瞬间就产生大量的放射性物质，会造成相当严重的放射性污染。

放射性核素是发射α射线、β射线、γ射线或中子的化学元素，对人体危害很大。冶金、采矿、核能和化学制造业已向自然环境中释放了大量放射性核素（如 ^{137}Cs、^{90}Sr、^{144}Ce、^{152}Eu、^{106}Ru、^{60}Co、^{238}U、^{129}I、^{241}Am、^{93}Np、^{239}Pu、^{79}Se 和 ^{99}Tc），对人类和环境甚至整个生物圈构成严重威胁。在各种放射性废物中，铀是最常见的污染物，在核污染场地附近的地表水和地下水中被广泛发现。在水环境中，六价铀酰离子是铀最稳定的存在形式，占核燃料和乏燃料的98%，对环境有很大影响，这使它成为需处理的放射性有毒废物中的关键物质。据国际能源机构（IEA）统计，到2030年，全球核工业产能可扩大40%以上，这会促进对 U(Ⅵ) 的消费需求，也会导致大量的有毒和放射性核素释放到环境中。例如：^{90}Sr 的自然含量平均为0.04%，是过去核试验产生的沉降物；^{137}Cs 是核废料中最丰富的裂变产物之一，因为它的半衰期长（30年）且具有高 γ 能（662keV），所以它是需要关注的另一个主要问题。此外，在储存、加工或处置这些放射性核废料的过程中，其他常见的锕系、镧系和裂变产物也会释放到环境中，特别是在出现核事故时，大量放射性核素将被释放。

放射性核素具有高度水溶解性，常在溶液中以溶解的离子、可溶配合物或胶体颗粒的形式存在，或被岩石、矿物、土壤中的黏土、微生物等吸附，通过自然界水体不断发生迁移，最终引起的水污染是令人震惊的全球问题。2011年福岛第一核电站事故导致大量的放射性物质被释放到太平洋。在近海30～600km的水域如日本东部海域及地下水中都检测到放射性同位素 ^{134}Cs、^{137}Cs、^{90}Sr、^{125}I、^{131}I，如此高的活动轨迹与近岸旋涡和日本暖流有关。即使在事故发生六年后，仍然缺乏适当的技术净化产生的放射性废水。

众所周知，水生生态系统中的大多数放射性核素半衰期极长，由于其具有长期的放射性和化学毒性，即使处在微量水平也会对环境造成重大危害。此外，放射性核素可直接损害生物组织或产生反应物种，经辐射源被生物吸入后可与生物分子发生反应，当超过生物耐受水平时，会严重危害包括人类在内的各种生命体。此外，溶解性放射性核素在强环境中被认为是不可生物降解的，并且可以通过食物链形成生物积累。

这些放射性物质能够通过呼吸道、消化道、皮肤、直接照射、遗传等多种途径进入人体。由于放射性核素具有高度水溶解性，它们还可以在没有经过适当处理的情况下进入水生环境，如河流和地下水。更重要的是，通过水介质溶解的放射性核素可能被微生物、藻类、浮游生物、农作物等吸收，并通过食物链进一步积累和浓缩到人体中。

放射性核素进入人体后，可以直接引起各种疾病，如神经功能紊乱、出生缺陷、不孕和癌症。U(VI) 的释放可引起皮肤腐蚀、组织病理学系统损伤、肾脏损伤甚至癌症等生物组织的严重损伤。^{90}Sr(II) 对肝癌的出现具有重要影响。^{60}Co(II) 可引起几种健康问题，如低血压、麻痹、腹泻和骨缺损。这清楚地表明，人们迫切需要创新和有效的方法来正确处理危险的放射性废水。一般来说，具有短寿命 β/γ 活性的放射性废水可以进行相对迅速的自然衰变，而具有长寿命放射性核素的废水则需要人们重点关注。因此，安全有效地从废水中去除放射性核素已成为我国及全世界迫切需要解决的问题。环境监测和随后从受污染的水中去除这些放射性核素是当今主要的修复环境措施，因此人们非常希望研究出高效和选择性地从废水中去除放射性核素的方法。

1.2
纳米材料去除放射性核素

由于清洁的水是维系地球生命的重要物质，因此保护水生环境及其资源免受污染物的影响对于保护生物至关重要。在这方面，仅仅依靠常规办法是不够的，因为它们无效、耗时并且成本昂贵。为了以较少的化学品即能源消耗经济地净化水，同时从处理环境影响的长远角度出发，需要进行强有力的技术改进。虽然利用现有的处理技术可以尽量减少影响，但市场上对具有创新和成本效益技术的需求越来越大。其中，创新是可持续改善的唯一途径，因此需要制定新的、切实可行的解决办法，这不仅要克服供水和卫生设施方面的困难，而且要以可持续的方式解决全球水污染问题。因此，相关人员正在不断研究更先进的方法，以补充现有的传统水处理方法。

与传统的水处理理念不同，用于处理放射性水的技术还应考虑两个主要问题：第一，如何在极短的时间内迅速清除水中的放射性核素，以避免其放射性进一步扩散；第二，如何以最小的体积安全处置放射性废物。显然，目前的废水处理和固体处置方法不适合处理放射性废水。此外，与废水中的其他成分相比，特定放射性核素的浓度可能非常低，因此选择性地高效去除放射性核素是非常理想的方法。

由于铀具有毒性和放射性，世界卫生组织建议饮用水中铀的最高浓度为 $30\mu g/L$。到目前为止，已经发展了几种常规的去除铀及其他可溶性放射性核素的技术，包括化学沉淀、光催化、氧化、反渗透等。其中最有效和最常见的是化学沉淀的方法。用于去污的基本溶液是含有草酸和柠檬酸的液体，有时还含有其他螯合物，如乙二胺四乙酸（EDTA），用于结合金属阳离子。在许多净化程序中，净化的第一阶段使用过氧化技术，以促进沉积物溶解。然而，这些技术中的大多数都有一定的缺点。例如，尽管沉淀和生物处理具有成本效益，但它们无法充分降低放射性核素的浓度，使其低于规定的最低水平，而且往往会产生大量的污泥。例如，化学去污过程会产生成吨的含螯合剂、氧化剂、盐的放射性腐蚀产物，在蒸发器浓缩液中积累和浓缩。此外，从去污浓缩液中去除放射性核素的方法，还有共沉淀、离子交换等吸附方法。

吸附法是从液态放射性废料中分离放射性核素的最常见方法，这种方法甚至对含有高浓度竞争性阳离子的高盐溶液也有效。不仅因为它比较直接，还因为该方法可以通过设计适用的可吸附材料大大提高分离效率。

从天然矿物质到无机氧化物材料和有机聚合物，再到纳米碳材料和多孔骨架材料，都被作为选择性吸附材料用于回收和去除锕系元素。其中黏土矿物、碳基材料和金属氧化物无机吸附剂对铀等锕系元素的去除具有至关重要的作用。但这些传统材料在实际应用中都存在一些不足，如吸附容量低、吸附动力学慢、选择性差、易产生二次污染物、实验条件苛刻或成本高等。此外，单一的吸附剂不能用于各种类型的污染物。据观察，尽管存在一些障碍，但在不久的将来，这将是一项出色的水处理创新。在利用吸附法去除水中各种污染物方面，人们进行了大量的研究。最初采用活性炭去除水中的污染物，后来活性炭逐渐被一些低成本的吸附材料所取代，但与放射性核素形成复合物的化学物质的存在大大降低了吸收效率，使人们很难将放射性核素同去污溶液分开。此外，固体放射性废物中的放射性核素复合物可能导致放射性核素污染物具有可溶性和较高的流动性。在大多数情况下，去污溶液中的长寿命放射性核素以复杂的形式存在，但一些放射性核素（如^{134}Cs、^{135}Cs和^{137}Cs）不能形成稳定的碱金属阳离子配合物，而是简单地以水合阳离子的形式出现。而放射性核素^{65}Zn和^{60}Co在去污溶液中以复合物的形式存在，因此它们对这些溶液的吸附性相对较低。由于这些放射性核素的半衰期很长，并且会释放高能伽马辐射，所以分离这些放射性核素就显得特别重要。

为了消除复杂条件下存在的放射性核素，有必要设计具有高吸附能力、高选择性和稳定性的新型材料。

纳米材料是指在三维空间中至少有一维处于纳米尺寸（1～100nm）或以

它们作为基本单元构成的材料，这相当于 $10\sim1000$ 个原子紧密排列在一起的尺度。由于纳米材料的尺寸较小，它们可以表现出一系列特性，包括改进的电磁、药物动力学和靶向性，更大的硬度、刚度，更高的热稳定性、屈伸强度、柔韧性和延展性，以及具有自组装潜力大、高比表面积、高活性、高吸附容量、低温度改性能力和催化潜力大等特点，因此纳米材料的设计、合成、表征和应用是纳米材料新兴领域的关键，其被广泛应用于环境能源和化学工业等领域。纳米科学的进步为开发更具成本效益和环境可接受的净水工艺提供了前所未有的机会。近年来，人们一直关注纳米材料作为吸附剂的合成和应用，以去除水和废水中的有毒有害化合物。纳米粒子的合成和处理在改善环境水质方面得到了应用，并且纳米材料的发展为开发下一代放射性废水净化技术提供了充分的机会。

在纳米尺度上，纳米材料对溶解的放射性核素具有更高的吸附能力和更强的化学亲和力。高比表面积的纳米材料具有更强的界面反应倾向，这对污水中可溶性放射性核素的高效选择性吸附至关重要。

新型纳米功能材料因为具有比表面积高、各种含氧官能团丰富、结合位点多、孔径可控、易于表面改性、化学稳定性较好、可以保证在酸性和中性条件下与放射性核素相互作用、成本低等优点，被认为是在复杂条件下能有效、选择性地去除水溶液中放射性核素的候选材料之一。更重要的是，纳米材料表面的吸附位点可以通过创建不同的官能团来实现功能化，靶向去除放射性核素。因此，功能化纳米材料的开发对于大体积水溶液中放射性核素的预浓缩和固化至关重要。事实上，美国、俄罗斯、法国、德国、日本等主要核能国家已经在广泛探索用于放射性废水净化的纳米材料。

近年来，人们对新型纳米材料处理放射性污染水的潜力越来越感兴趣。比如，在《科学》杂志网站搜索关键字"纳米和放射性"或"放射性核素和水"，会发现从 2009 年 1 月 1 日到 2020 年 1 月 31 日，大约 2150 份文件被发现与纳米材料的放射性废物管理有关。这表明纳米材料可能会提供一个有前景的去除放射性核素的解决方案。

新型纳米材料，如氧化石墨烯（GOs）、碳纳米纤维（CNFs）、碳纳米管（CNTs）、二维过渡金属碳化物/氮化物、金属/非金属氧化物、金属硫化物、黏土矿物 [层状硅酸盐（PM）和层状双氢氧化物（LDH）]，以及金属有机骨架、共价有机骨架等，具有优良的吸附能力、高选择性和环保性。GOs 是重要的石墨烯衍生物之一，在其基底平面和边缘以环氧、羟基和羧基的形式形成足够大的含氧官能团。考虑到 GOs 纳米片具有含氧官能团和高比表面积，在大量水溶液中能富集放射性核素，因此其具有较高的吸附能力。MOFs 提供了通过改变其孔径和几何形状来调节其特定应用的可能性。这一特征有可能对结构异构体分子基于吸附的分离过程的发展产生重大影响，这通常取决于吸附剂和吸附剂微孔的大小和形状的微妙匹配。其多孔结构的特征和性能，引起了人们相当大的兴趣。结构的通用性和高比表面积使其适合于放射性核素的预浓缩。纳米零价铁通过其可控的粒径、高反应活性和丰富的反应表面位置成功地用于处理水溶液中的各种放射性核素。由于氮化碳（C_3N_4）被估计是一种超硬的物质，并且硬度与金刚石相当，因此 C_3N_4 引起了人们相当大的兴趣。在类石墨相氮化碳（g-C_3N_4）中的官能团（—NH_2、—NH—、=N—）给出了选择性去除放射性核素的基本位点，这些官能团通过络合或氧化还原反应，对放射性核素具有优越的吸附能力。MXenes 通常是通过选择性蚀刻某元素电子层，使用适当的蚀刻剂从最大相在室温下制备的。因为具有良好的结构和化学稳定性、亲水性表面和环境友好性，MXenes 被认为是一种优良的放射性核素凝固材料。CNFs 和 CNTs 是碳基纳米材料，由于具有高稳定性、高吸附容量和表面改性后的选择性，已被广泛用于去除放射性核素的研究。金属/非金属氧化物普遍存在于被污染的环境和自然环境中，对铀等放射性核素在环境中的迁移起着至关重要的作用。最常用的纳米氧化物吸附剂有氧化铁（FeO）、二氧化硅（SiO_2）、二氧化锰（MnO_2）、氧化铝（Al_2O_3）和二氧化钛（TiO_2）。黏土矿物具有小粒径、低渗透性的特点，以及高离子吸附/交换能力，因此成为防止放射性核素及重金属离子等在地质深部储层中迁移的有效屏障，其作为吸附剂能去除能源生产过程中的有害元素。有几项研究（超过 300 份出版物列出）探索了天然黏土矿物和化学改性黏土的吸附特性。在这些研究中，吸附过程高度依赖溶液 pH、元素浓度、接触时间等。层状双氢氧化物和层状硅酸盐矿物是重要的二维层状化合物，在污染物的有效治理方面取得了巨大的进展，它们的衍生材料因化学稳定性适中、成本低、无毒等内在优势引起了多学科的关注。在过去的几十年里，新型 LDH 基和 PM 基复合材料的合成和表征技术的优化取得了重大进展。

目前大多数报道的纳米材料去除放射性核素的研究只关注一种纳米材料或去除特定的放射性核素，但对新型纳米材料去除放射性核素的研究进展报道较少，显然，行业内对净化复杂放射性废水的先进纳米材料的技术水平缺乏全面的概述。因此，本书旨在提供一个全面的评述并分析新一代纳米材料的合成及其在净化放射性废水方面的研究进展，包括碳基纳米材料、金属及纳米氧化物（如二氧化钛、二氧化硅、氧化锌等）、金属硫化物、天然黏土矿物（PM/

LDH 类)、金属有机骨架、有机聚合物等。我们认为,对新型纳米材料在去除放射性核素方面的实验应用和理论计算进行总结或评述,对今后发展去除放射性核素技术具有重要意义。

1.3
纳米材料的制备、合成与表征

1.3.1 纳米材料的制备

在目前纳米材料的研究中,有关制备方法的研究占有极其重要的地位,新的制备工艺过程的研究对控制纳米材料的微观结构和性能具有重要的影响。纳米材料制备的关键是如何控制颗粒的大小和获得较窄且均匀的粒度分布。

纳米材料的制备方法主要包括物理法、化学法和物理化学法三大类。下面分别从三个方面介绍纳米材料的制备方法。

1.3.1.1 物理制备方法

早期的物理制备方法是将较粗的物质粉碎,其中最常见的物理制备方法有以下三种。

(1)真空冷凝法

用真空蒸发、加热、高频感应等方法使原料气化或形成等离子体,然后骤冷。其特点是纯度高、结晶组织好、粒度可控,但对技术设备要求高。

(2)物理粉碎法

通过机械粉碎、电火花爆炸等方法得到纳米粒子。其特点是操作简单、成本低,但产品纯度低,颗粒分布不均匀。

(3)机械球磨法

采用球磨方法,通过粉末颗粒和磨球之间长时间的激烈冲击、碰撞,控制适当的条件得到纯元素纳米粒子、合金纳米粒子或复合材料纳米粒子。其特点是设备简单、投资小,适用范围广,纳米粉末产量高,但主要问题是得到的纳米材料在操作过程中易受到球磨介质和气氛的污染,且粉末易发生明显的晶粒粗化。

近年来，一些新的制备纳米材料的物理方法被发现。旋转涂层法将聚苯乙烯微球涂敷到基片上，由于转速不同，可以得到不同的孔隙率。然后用物理气相沉积法在其表面沉积一层银膜，经过热处理，即可得到银纳米粒子的阵列。中国科学院物理研究所开发了对玻璃态合金进行压力下纳米晶化的方法。例如，ZrTiCuBeC 玻璃态合金在 6GPa 和 623K 的条件下晶化，可以制备出颗粒尺寸小于 5nm 的纳米晶。

1.3.1.2 化学制备方法

(1) 固相法

固相法包括固相物质热分解法、物理粉碎法等。固相物质热分解法是利用金属化合物的热分解来制备超微粒，但其粉末易固结，还需再次粉碎，成本较高。物理粉碎法是通过机械粉碎、电火花爆炸等方法制得纳米粒子。其原理是利用介质和物料间相互研磨和冲击，以达到微粒的超细化，但很难使粒径小于100nm。机械合金法是 1970 年美国 INCO 公司本杰明（Benjamin）为制作镍的氧化物粒子弥散强化合金而研发的一种工艺。该法工艺简单，制备效率高，并能制备出常规法难以获得的高熔点金属或合金纳米材料，成本较低但易引进杂质导致纯度降低，颗粒分布也不均匀。近年来，采用助磨剂物理粉碎法和超声波粉碎法，可制得粒径小于 100nm 的微粒，但仍然存在上述不足，故固相法还有待进一步深入研究。

(2) 气相法

气相法在纳米粒子制造技术中占有重要地位，利用此法可以制造出纯度高、颗粒分布性好、粒径分布窄而细的纳米超微粒。尤其是通过控制气氛，可制备出液相法难以制备的金属碳化物、硼化物等非氧化物的纳米超微粒。该法主要包括以下三种。

① 真空蒸发-冷凝法 在高纯惰性（Ar、He）气氛下，对蒸发物质进行真空加热蒸发，蒸气在气体介质中冷凝形成超细微粒。1987 年，比格斯（Biegles）等采用此法成功制备了纳米级 TiO_2 陶瓷材料。

② 高压气体雾化法 该法是利用高压气体雾化器将 $-20\sim40℃$ 的 H_2 和 Ar 以 3 倍于音速的速度射入熔融材料的液体内，熔体被破碎成极细颗粒的射流然后骤冷得到超微粒。采用此法可得到粒度分布窄的纳米材料。

③ 高频感应加热法 以高频感应线圈作为热源，使坩埚内的物质在低压（$1\sim10kPa$）的 He 或 N_2 等惰性气体中蒸发，蒸发后的金属原子与惰性气体原子相碰撞，冷却凝聚成颗粒。该法的优点是产品纯度高，粒度分布窄，保存

性好，但成本较高，难以蒸发高沸点的金属。

此外，还有溅射法、气体还原法、化学气相沉淀法和粒子气相沉淀法。作为特殊方法，爆炸法可制备纳米金刚石，低压燃烧法可制备 SiO_2、Al_2O_3 等多种纳米材料。

(3) 液相法

20 世纪 80 年代以来，随着对材料性能与结构关系的深入研究，出现了用液相法实现纳米"超结构过程"的基本途径。这是依据化学手段，在不需要复杂仪器的前提下，通过简单的溶液过程就可对性能进行"剪裁"。液相法主要有以下几种。

① 沉淀法　该法包括直接沉淀法、均匀沉淀法和共沉淀法。直接沉淀法是仅用沉淀操作从溶液中制备氧化物纳米粒子的方法。均匀沉淀法通过控制生成沉淀的速度，减少晶粒凝聚，可制得高纯度的纳米材料。共沉淀法是把沉淀剂加入混合后的金属溶液中，然后加热分解获得超微粒。

② 溶胶-凝胶法　溶胶-凝胶法可制备传统制备方法不能制得的产物，尤其对制备非晶态材料显得尤为重要。溶胶-凝胶法包括金属醇盐溶胶-凝胶法和非醇盐溶胶-凝胶法两种。

③ 水解反应法　依据水热反应的类型不同，可分为水热氧化、还原、合成、分解和结晶等几种。其原理是在水热条件下加速粒子反应和促进水解反应。

④ 胶体化学法　采用粒子交换法、化学絮凝法、胶溶法制得透明性金属氧化物的水凝胶，以阴离子表面活性剂进行憎水处理，然后用有机溶剂冲洗制得有机胶体，经脱水和减压蒸馏，在低于表面活性剂的热分解温度条件下，制得无定形球状纳米材料。

⑤ 溶液蒸发和热分解法　该法包括喷雾干燥、燃烧等方法，用于盐溶液快速蒸发、升华、冷凝和脱水过程，避免了分凝作用，能制得均匀盐类粉末。若将一定配比的金属盐溶液用粒子喷雾器在干燥的室内与不同浓度的气流接触，快速蒸发分解该盐溶液，即可得到纳米粒子。

1.3.1.3 物理化学制备方法

(1) 热等离子体法

该法是用等离子体将金属等粉末熔融、蒸发和冷凝以制成纳米粒子，是制备高纯、均匀、粒径小的氧化物、氮化物、碳化物系列，以及金属系列和金属合金系列纳米粒子的最有效方法，同时为高沸点金属的各种系列纳米粒子及含有挥发性组分合金的制备开辟了前景。新开发的电弧法混合等离子体法弥补了传统等离子体法存在的等离子枪寿命短、功率小、热效率低等缺点。

（2）激光加热蒸气法

以激光为快速加热热源，使气相反应物分子内部很快地吸收和传递能量，在瞬间完成气体反应的成核、长大和终止。激光加热蒸气法可迅速生成表面洁净、粒径小于 50nm、粒度均匀可控的纳米粒子。

（3）电解法

电解法包括水溶液电解和熔盐电解两种方法。电解法可制得高纯金属超微粒，尤其是电负性大的金属粉末。

（4）辐射合成法

辐射合成法制备纳米材料具有明显的特点：一般采用 γ 射线辐照较高浓度的金属盐溶液，制备工艺简单，可在常温常压下操作，制备周期短，产物粒度易控制，一般可得 10nm 左右的粉末，产率较高，不仅可制备纯金属粉末，还可制备氧化物、硫化物纳米粒子及纳米复合材料，通过控制条件还可制备非晶粉末。所以，纳米材料的辐射合成法制备近年来得到了很大的发展。

纳米粒子的制备除上述方法外，还有一些新方法。例如：模板合成法，以纳米多孔材料的纳米孔或纳米管道为模板，可获得粒径可控、易掺杂和反应易控制的纳米粒子；自组装法，可制造中空的纳米球或纳米管；有序 LB 膜法，用还原法制备金属颗粒和贵金属纳米粒子；用 DVA 特异功能制备纳米粒子；等等。另外，利用多孔模板用自组装法可制备较大的纳米金属团簇和纳米金属线，外层有配体起到稳定的作用。

1.3.2　纳米粒子的合成

纳米粒子的合成是工程化纳米粒子水处理过程的第一步，也是最重要的一步。就纳米粒子的合成而言，有两种一般策略，即自下而上的方法（通过化学合成、位置组装或自组装，借助一定的物理或化学力，将较小的分子逐个原子或逐个分子排列成更复杂的组装体），以及自上而下的方法［通过机械和/或化学步骤（铣削、蚀刻等）从大尺寸（颗粒或微尺度）材料中生成纳米粒子］。基于所需的形态、性能和应用等，人们设计了许多制备纳米粒子的方法，包括溶胶-凝胶法、沉淀法、共沉淀法、催化生长法、机械合金化/铣削法、机械化学合成法、浸渍法、电沉积法、激光烧蚀法、惰性气体冷凝法、火花放电法、喷雾热解法、热等离子体合成法、严重塑性变形法、离子溅射法、火焰合成法、火焰喷雾热解法和激光热解法，通过这些方法可以模拟纳米粒子的组成和分子结构。在目前提出的各种纳米粒子的合成方法中，溶胶-凝胶法被广泛使用，因为它可以对水处理工艺制备的材料的分子结构、形貌、孔体积、比表面积、密度等进行精细控制。

合成的纳米材料根据大小和形状可分为纳米粒子、纳米管、纳米线、纳米带、纳米胶囊、纳米纤维、纳米聚合物、纳米弹簧、量子点等。每一种纳米材料都具有独特的性能，并得到了广泛的研究。

由于氧化态和形成的化学配合物决定了放射性核素与吸附剂之间的相互作用，因此放射性核素的水溶液形态对其在水中的吸附有重要的影响，可以通过各种实验技术，以及密度泛函理论的量子化学方法来鉴定这些含水复合物的质量及吸附前后过程。

1.3.3 纳米粒子的表征

如表 1-1 所示，利用 X 射线衍射（XRD）、傅里叶变换红外光谱仪（FTIR）、扫描电子显微镜（SEM）、透射电子显微镜（TEM）、差示扫描量热法（DSC）、热重分析（TGA）、差热分析（DTA）、吸附比表面测试（Brunuaer-Emmett-Teller，BET）等分析技术可以对工程纳米粒子进行表征，得到相关的信息。基本上，利用所报道的方法可以制备不同类型的纳米粒子，对其进行轻微的修改后可用于生物医学、生物技术、材料、电子、机械、光学、环境科学等方面。技术的选择取决于尺寸、性能、起始材料及纳米颗粒所需的应用。

表 1-1　纳米颗粒作为水处理吸附剂的合成及表征技术

特征	分析技术
形态学	扫描电子显微镜(SEM) 环境扫描电子显微镜(ESEM) 场发射扫描电镜(FESEM) 透射电子显微镜(TEM)
粒子大小	激光衍射粒度分析仪
晶体结构	X 射线衍射(XRD)
比表面积	三相氮 BET 法
pH 电荷零点	电位滴定法
	Zeta 电位分析仪

特征	分析技术
重金属纳米粒子相互作用	扩展 X 射线吸收精细结构（EXAFS）光谱 X 射线吸收近边结构（XANES）光谱 X 射线光电子能谱（XPS） 紫外-可见光漫反射光谱仪 漫反射傅里叶变换红外光谱（DR-FTIR） 傅里叶变换红外光谱（FTIR） 衰减全反射红外光谱（ATR-IR） 拉曼光谱 C_{14} 峰
磁性	外部磁场 振动样品磁强计（VSM）
热学性能	热重分析（TGA） 差示扫描量热法（DSC）
金属浓度（水相）	原子吸收光谱（AAS） 电感耦合等离子体（ICP） 紫外-可见分光光度计

1.3.4　纳米吸附剂

　　纳米粒子是一种工程材料，其原子尺寸在纳米范围。这些原子粒子表现出某些引人注目的特性，使它们能够用于科学和技术的各个分支，包括药物、光学、电子、环境等领域。这些工程纳米粒子具有大量的表面，因此与大分子相比，在吸附剂应用方面引起了人们浓厚的兴趣，这为处理受污染的水提供了帮助。工程纳米粒子具有独特的性质，已被证明是优良的吸附剂，其尺寸小、反应性高、比表面积大、易于分离且具有大量的活性中心，能够与不同的污染物相互作用。由于其边缘电子密度的增加，各种官能团可能附着在纳米粒子上，以增强其对水溶液中目标污染物的反应性、亲和力、容量和选择性，因此它们具有将许多活性剂结合在一起的能力，并允许对质量传输特性进行精细控制。这些性质通过增加纳米粒子的比表面积、自由活性价和表面能来提高吸附容量。鉴于其具有高孔隙率、小尺寸和动态表面，纳米吸附剂不仅适合分离原子尺寸、疏水性和形态行为变化的污染物，而且还增强了组装方法，在不排放其有毒有效载荷的情况下能够有效地吞噬原油。纳米吸附剂反应迅速，具有显著的金属结合能力，它们在"精疲力竭"后可通过人工恢复。纳米粒子已广泛应用于放射性核素的去除、有机染料的吸附、污染水的修复和磁传感等领域，金属氧化物在催化、传感、超磁、储能等纳米技术领域发挥着重要作用。纳米吸附剂已被用于水污染物的处理方面，水处理常用的纳米粒子有氧化铝、锐钛矿、硫化镉、钴铁氧体、氧化铜、金、磁石、铁、氧化铁、氢氧化镍、二氧化硅、氧化亚锡、二氧化钛、氧化锌、硫化锌、氧化锆等。表 1-2 列出了迄今为止为水修复而合成的各种纳米粒子及其相应的合成方法。

表 1-2 用于水修复吸附剂的纳米颗粒不同的制备方法

纳米粒子	方法	粒径/nm	起始材料
四方纤铁矿	沉淀法	2.6	铁(Ⅲ)氯化物、碳酸铵
氧化铝	溶胶-凝胶法	6～30	$AlCl_3 \cdot 6H_2O$
	溶胶-凝胶法	50	异丙醇铝、环己烷、NH_4OH
	水解	80	异丙醇铝、双-2-乙基己基琥珀酸钠
氧化铝-二氧化硅	溶胶-凝胶法	30	正硅酸乙酯、乙醇、NH_4OH、2-丙醇、三仲丁基醇(氧)铝
锐钛矿	溶剂热法	8～20	钛(Ⅳ)乙氧基、乙醇
二氧化铈	火焰电喷雾	2.4～6	六水合硝酸铈(Ⅲ)、乙醇、二乙基乙二醇丁醚
掺铬氧化锌	化学蒸气合成	18	乙酰丙酸锌、铬乙酰丙酮酸盐
钴铁氧化物	燃烧波	2.7～17	硝酸铁、硝酸钴、甘氨酸
钴铁氧化物	湿化学路线	15～48	氯化铁、氯化钴、NaOH
CdS	溶胶-凝胶法	1.66	$Si(OC_2H_5)_4$、C_2H_5OH、HCl、醋酸镉、硫化钠
CuO	反胶束	5～25	氯化铜、氨、聚乙二醇辛基苯基醚(Triton-X-100)、正己醇、正戊醇、环己烷
阿拉伯树胶改性磁性纳米吸附剂	共沉淀	13～67	$FeCl_3 \cdot 6H_2O$、阿拉伯树胶、NH_4OH
铁镍合金	反向胶束技术	4～12	氯化铁、氯化镍、硼氢化钠、异辛烷、正丁醇、十六烷基三甲基溴化铵(CTAB)
氧化铁	热处理	14～25	硫酸铁、正癸烯酸或正癸胺
FeOOH涂层的磁赤铁矿(γ-Fe_2O_3)	表面处理	15	铁盐、NaOH、H_2O_2

1.4 吸附

1.4.1 吸附的基本原理

吸附是指物质在液-液界面、气-液界面、气-固界面或液-固界面上通过物理作用力（物理吸附）或弱化学作用力（化学吸附）积累的传质过程。固体对溶液的吸附是由于溶质的疏液特性产生的驱动力，或溶质对固体的高亲和力。吸附在固体表面的分子称为吸附质，固体表面称为吸附剂。吸附过程受初始金属离子浓度、温度、吸附质、吸附剂性质、pH、接触时间、颗粒大小等参数的影响。所有吸附过程都取决于固液平衡和传质速率。吸附操作可以是间歇式、半间歇式和连续式的。在这个变化过程中，污染物在固体和溶液中的浓度变为恒定时，就达到了平衡状态。在这种平衡状态下，固相吸附量与溶液中固相吸附量之间的关系称为吸附等温线。吸附等温线是描述吸附质与吸附剂相互作用的重要方法，是优化吸附剂使用的关键，可以确定不同的吸附参数。常见的模型有 Henry、Langmuir、Freundlich、Temkin、Hill、Flory-Huggins、Dubinin-Radushkevich（D-R）、Sips、Toth、Khan、Radke-Prausnitz、Redlich-Peterson、Koble-Corrigan 和 Brunauer-Emmett-Teller 等（表 1-3）。这些是用于解释吸附研究效果的各种著名模型，但在方法上差别不大。

吸附工程是由团簇过程伴随分段研究而产生的。改进后的吸附技术首先在中试阶段应用，随后在工业上应用。

表 1-3   一些常见的平衡等温线模型

等温线	等温方程
Langmuir	$q = \dfrac{q_m b C_e}{1 + b C_e}$
Freundlich	$q = K C_e^{1/n}$
Temkin	$q = \dfrac{RT}{b} \ln(a C_e)$
Dubinin-Radushkevich	$q = q_D \exp q = q_D \exp \left\{ -B_D \left[RT \ln \left(1 + \dfrac{1}{C_e} \right) \right] 2 \right\}$

续表

等温线	等温方程
Langmuir	$q=\dfrac{q_{\mathrm{m}}b\sqrt[n]{C_{\mathrm{e}}}}{1+b\sqrt[n]{C_{\mathrm{e}}}}$
Freundlich	$q=\dfrac{aC_{\mathrm{e}}}{1+b\sqrt[n]{C_{\mathrm{e}}}}$
Redlich-Peterson	$q=\dfrac{a\sqrt[n]{C_{\mathrm{e}}}}{1+bC_{\mathrm{e}}^{n}}$
Sips	$q=\dfrac{arC_{\mathrm{e}}}{a+rC_{\mathrm{e}}^{n-1}}$
Radke-Prausnitz	$q=\dfrac{q_{\mathrm{m}}bC_{\mathrm{e}}}{(1+bC_{\mathrm{e}})^{n}}$
Khan	$q=\dfrac{q_{\mathrm{m}}bC_{\mathrm{e}}}{[1+(bC_{\mathrm{e}})^{1/n}]^{n}}$
Toth	$q=\dfrac{q_{\mathrm{m}}BC_{\mathrm{e}}}{(C_{\mathrm{s}}-C_{\mathrm{e}})[1+(B-1)(C_{\mathrm{e}}/C_{\mathrm{s}})]}$
Brunauer-Emmett-Teller	

1.4.2 宏观吸附实验的基本组成

放射性核素的吸附反应受到溶液 pH、温度、离子强度、接触时间等多种因素的影响,需要对这些因素进行优化以获得更好的吸附过程。图 1-1 显示了在存在碳酸盐($p_{\mathrm{CO_2}}=1.01325\mathrm{kPa}$)的情况下,水中 U(Ⅵ) 的分布与 pH 的关系。铀酰离子在酸性(pH<5)范围内以 UO_2^{2+} 为主,而在中性至碱性的碳酸盐溶液中,铀酰离子形成一系列碳酸盐 [如 UO_2CO_3、$UO_2(CO_3)_2^{2-}$ 和 $UO_2(CO_3)_3^{4-}$]。当 pH>7 时,阴离子 $UO_2(CO_3)_2^{2-}$ 和 $UO_2(CO_3)_3^{4-}$ 在氧化环境中大量存在。大量研究表明,这些碳酸盐络合物在溶液中的形成明显抑制了铀的吸附。为了量化金属离子的吸附,改变化学条件可以进行宏观吸附实验,即批次或柱式实验测试。

宏观吸附实验是研究金属氧化物材料去除水溶液中放射性核素必不可少的步骤,通过宏观实验可以得到不同吸附材料在不同条件下的吸附结果。对各批次吸附结果进行对比、研究与讨论,可以得到吸附过程中不同种类的吸附材料最适宜的温度、pH、离子强度及反应时间等大量参数。对宏观吸附实验所得到的数据进行拟合,并与相关文献资料对比,可以将这些数据作为研究微观吸附机理的重要参考因素。

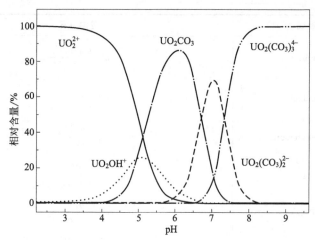

图 1-1　U(Ⅵ) 在 U-CO$_2$-H$_2$O 系统中随 pH 变化的分布图

　　批次实验技术是目前应用最广泛的技术之一，具有方便和高效的特点，可以提供吸附过程中的平衡时间、最大吸附容量、最适宜 pH 及吸附选择性等有价值的信息。

　　吸附动力学、吸附等温线和吸附热力学是吸附实验的三个基本组成部分，对了解放射性核素等金属离子在水溶液中的吸附过程具有重要作用。

1.4.2.1　吸附动力学

　　吸附动力学描述了溶质吸收速率，它决定了所需的平衡时间和吸附过程的最佳接触时间。相应的动力学实验可以提供吸附反应时间和平衡时间等信息。一般来说，吸附剂对放射性核素的吸收量在初始阶段迅速增加，在达到平衡状态后逐渐放缓。以铀酰离子的吸附为例，根据铀与吸附剂之间的亲和力，初始吸附速率可能非常快。在极短的反应时间（30s 以内）后，糠醛/APS-MCM-41 吸附 U(Ⅵ) 达到了平衡，这是吸附动力学中反应最快的，比所有报道的吸附剂都快得多。在 KIT-6-P 上去除铀后，吸附平衡发生在 60s 以内，动力学常数为 383g/(mg·min)。U(Ⅵ) 在 SBA-15-P 上的吸附过程也能在 60s 内达到平衡。另外，大多数介孔氧化硅吸附剂去除铀的过程只需要 10～30min 就能达到平衡。与其他类型的吸附剂［如树脂（45～240min）、纤维素（数小时或几天）］相比，中孔二氧化硅基吸附剂对铀的捕获过程可能在更短的时间内就能达到平衡，如 LDH（15min 到几个小时）和基于 MOFs 的吸附剂（几个小时）。平衡时间的差异与吸附剂特性、初始铀浓度和溶液条件有关。为了进一步了解吸附过程，人们广泛使用准一级动力学（PFO）模型、准二级动力学

(PSO) 模型、粒子内扩散 (IPD) 模型、Bangham 模型和 Elovich 模型等几种吸附动力学模型来描述内在的动力学吸附常数。一般而言，铀的吸附性能遵循粒子群优化算法 (PSO) 模型，说明强化学吸附作用主导了 U(Ⅵ) 的吸附过程。例如，魏 (Wei) 等采用 PFO、PSO 和 Weber-Morris (W-M) 模型分析了 U(Ⅵ) 吸附到 UiO-66 和 GO-COOH 上的动态过程。当高达 99% 的铀从溶液中去除时，在 230min 观察到吸附平衡。根据相关系数，粒子群优化算法模型更适合模拟动力学数据，说明化学吸附是速率控制步骤。此外，根据 W-M 模型计算的 C 值可以发现 GO-COOH 和 UiO-66 的边缘对 U(Ⅵ) 吸附的贡献更大。当然，也有一些例外。他们还研究了 U(Ⅵ) 在氨基功能化介孔氧化硅上的吸附行为，动力学数据符合 PFO 模型。阿博尔法兹 (Abolfazl) 等人的另一项研究报道显示，在 CA/XAD-16 上吸附 U(Ⅵ) 的动力学数据能够被 Bangham 模型和 IPD 模型令人满意地拟合，这表明 U(Ⅵ) 扩散到 CA/XAD-16 的孔隙中是唯一的速率控制步骤。另外，研究人员还注意到，PSO 模型和 IPD 模型的结合可以很好地解释 U(Ⅵ) 吸附在 AgOH-NPs-MWCNT 和 CCA-g-PAA 上的原因，即吸附剂的外表面很快就被充满了。最初的吸附过程是通过化学相互作用发生的，随后缓慢的颗粒内扩散过程开始了。

1.4.2.2　吸附等温线

吸附等温线是通过测量不同金属离子浓度下的固定 pH 和特定温度下吸附剂的保留量来确定的。建立最合适的吸附平衡关系是描述和预测环境中金属离子迁移率的基本要求。此外，从吸附等温线中获得的基本物化数据对于表达吸附剂的表面性质和容量、优化吸附机理途径及评价吸附体系的适用性都至关重要。因此，吸附等温线的精确数学描述对于吸附系统的合理设计和应用实践来说是必不可少的。吸附等温线模型种类繁多，可以用它们来描述在液-固界面发生的潜在相互作用。其中，研究 U(Ⅵ) 吸附等温线最常用的是 Langmuir 模型和 Freundlich 模型，其次是 D-R 模型和 Sips 模型。一般情况下，Langmuir 模型能很好地拟合 U(Ⅵ) 的吸附行为，证明了吸附仅限于单层覆盖，所有吸附位点相同且在能量上相等。例如，袁 (Yuan) 等采用 Langmuir 模型、Freundlich 模型和 D-R 模型拟合 U(Ⅵ) 在 KIT-6 和 KIT-6-DAPhen 上的吸附数据，发现与 Freundlich 模型 ($R^2 < 0.87$) 和 D-R 模型 ($R^2 < 0.84$) 相比，Langmuir 模型对 U(Ⅵ) 的吸附过程具有较好的相关性 ($R^2 > 0.98$)。另外，基于 D-R 模型拟合获得的 KIT-6 (11.3kJ/mol) 和 KIT-6-DAPhen (10.7kJ/mol) 的平均自由能 (E) 高于 8kJ/mol，表明吸附过程主要涉及化学吸附机制，这与 Langmuir 模型指示的单层吸附非常吻合。此外，还有一些特殊情况，即 U(Ⅵ) 在几种吸附剂上的吸附遵循 Freundlich 模型（如 TBP-SBA-15、PFG-MS、Amberlite IRA-910/402 树脂、CTR、CMC-INP、nZVI/rGO、AgOH-NPs-MWCNT）和 Sips 模型 [如 P(IA/MAA)-g-NC/NB、EMMC、HGly]。

1.4.2.3　吸附热力学

热力学研究是确定吸附反应性质和可行性，探索溶液温度变化下控制吸附机制的有力工具。通过热力学实验得到吸附等温线，可以获得吸附剂的最大吸附容量、吸附机理及吸附剂的表面性质等信息。常使用 Langmuir 模型、Freundlich 模型、Redlich-Peterson 模型、D-R 模型和 Temkin 模型等多种吸附等温线模型对基于各种纳米材料的吸附等温线进行模拟研究。

当吸附达到平衡时，三个热力学参数包括吉布斯自由能变（$\Delta G^{\ominus}$）、焓变（$\Delta H^{\ominus}$）和熵变（$\Delta S^{\ominus}$）可以计算，它们可以帮助人们理解铀和吸附剂之间的相互作用机制。随着研究温度对吸附剂吸附性能的影响，U(Ⅵ) 吸附热力学得到了广泛的研究。在大多数已报道的文献中，U(Ⅵ) 的吸附表现出自发性和吸热性。例如，王（Wang）等通过计算 U(Ⅵ) 在 GOs 上吸附的热力学参数来评价吸附过程的性质和可行性。U(Ⅵ) 在 GOs 上的吸附量随着温度的升高而增加，说明吸附在高温时更有利。$\Delta H^{\ominus}$（20.78kJ/mol）的正值表示 U(Ⅵ) 吸附过程的吸热性质。负的 $\Delta G^{\ominus}$（在 293K 下为 22.45kJ/mol）值和较大且正的 $\Delta S^{\ominus}$ [147.7J/(mol·K)] 值表明吸附是自发过程，具有高亲和力。需要注意的是，随着温度的升高，$\Delta G^{\ominus}$ 的降低也证实了较高的温度有利于 U(Ⅵ) 在 GOs 上的吸附过程。同样，发现 U(Ⅵ) 在二乙烯三胺（DETA）功能化的磁性壳聚糖纳米颗粒上的自发形成过程也具有负 $\Delta G^{\ominus}$ 值。但是，U(Ⅵ) 的吸附量随温度的升高而降低，这表明吸附反应是放热的并且符合负 $\Delta H^{\ominus}$ 值。还有一些文献报道了 U(Ⅵ) 在 DMS、DGA-PAMAMG3-SDB、U-CMC-SAL、磁性席夫碱脱乙酰壳多糖、FG-20、BT-AC 和 PAF 等物质上吸附的放热性质。吸附铀的热力学参数取决于吸附剂的性质、溶液和实验条件等。

磁性纳米粒子（MNPs）由于其易分离和低毒性等出色性能而受到广泛的关注和应用。杨（Yang）等通过化学共沉淀法合成了 Fe_3O_4 纳米颗粒和负载了腐植酸（HA）的 Fe_3O_4 磁性复合材料（Fe_3O_4@HA），并对放射性核素 Eu(Ⅲ) 进行了吸附实验研究，结果表明准二级动力学模型较准一级动力学模型更加符合该材料对 Eu(Ⅲ) 的吸附过程。这种现象表明，此吸附过程是化学吸附而不是物理吸附。此外，在相同的实验条件下还发现，$Fe_3O_4@HA$ 对于 $Eu(\text{Ⅲ})$ 的吸附效果明显高于 Fe_3O_4 纳米颗粒，主要是因为 HA 增加了 Fe_3O_4 纳米颗粒与 $Eu(\text{Ⅲ})$ 表面的结合位点，提高了吸附效率。

1.5 纳米材料吸附放射性核素及光谱分析

1.5.1　纳米材料吸附金属物种的机理

了解放射性核素与吸附剂的相互作用对于核废料储存库的长期性能评估和污染场地补救技术的发展至关重要。一系列表面吸附机制，如物理吸附、络合（包括配位和/或螯合）、离子交换和沉淀等，可能在控制液-固界面上的金属离子去除过程中发挥重要作用。然而，单一的宏观方法（如批量研究）不能充分、明确地提供对反应机理的全面理解，因此人们提出并利用越来越多的方法更详细地了解吸附反应的微观信息，再结合分批实验数据，可以系统、准确地解释和验证放射性金属离子和吸附剂之间的吸附机理。

放射性核素与纳米材料之间的吸附是复杂的物理化学过程，通常包括表面吸附及内部扩散过程。通过吸附过程去除金属物种的机理涉及三个步骤：①薄膜扩散，包括将吸附物通过表面膜输送到吸附剂的外部；②假定吸附物在吸附剂孔隙中扩散的孔扩散；③粒子内扩散，包括吸附剂内部表面的溶质。例如，金属氧化物材料与放射性核素之间的作用机理包括静电作用、离子交换、表面配位及化学沉淀。但自然环境是复杂多变的，因此多种机理通常共同发挥作用，如图 1-2 所示。

通过光谱分析技术、表面配位模型和理论计算可以讨论氧化物材料与放射性核素之间的相互作用机理。其中，光谱分析技术可以探测金属氧化物表面与放射性核素形成络合物的化学状态和结构。

1.5.2　吸附机理的光谱分析

为了了解纳米粒子吸附金属物种的潜在机理，人们广泛采用不同光谱分析技术，如红外光谱、X 射线衍射、X 射线光电子能谱和扩展 X 射线吸收精细

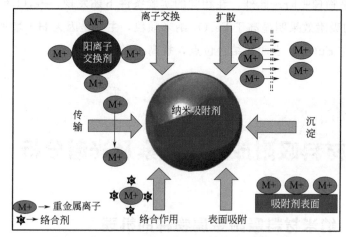

图 1-2　纳米粒子吸附金属离子的各种机制示意图

结构光谱等来研究放射性核素在物质表面的吸附微观结构。这种结构和功能探索的目的是深入了解去除的可能机制，可能涉及物理吸附、表面络合、离子交换、静电相互作用和硬/软酸碱相互作用等多种机制的一种或组合。

拉曼光谱、傅里叶变换红外光谱、X 射线光电子能谱等光谱技术的应用，有助于在分子水平上获得可靠的相互作用机制。除上述常规技术外，相关人员也普遍使用先进的光谱技术，如荧光时间衰减光谱（TRLFS）和 X 射线吸收精细结构（XAFS）光谱，因为它们可以提供关于水和非水溶液中放射性核素的形态和局部原子结构的更敏感资料。

（1）常规光谱方法

FTIR 被广泛应用于检测多种材料中化学官能团的振动特征，可以在微观水平上提供高空间分辨率的样品分子信息。许多研究者利用 FTIR 技术研究了 $U(\text{VI})$ 在不同吸附剂上在液-固界面的表面反应。例如，田（Tian）等人比较了原始肟-CMK-5（oxime-CMK-5）和 $U(\text{VI})$ 吸附样品的 FTIR。$U(\text{VI})$ 吸附后，注意到 N-O 拉伸的移动和-O-M 新出现的特征谱带，证明了 UO_2^{2+} 和肟基的络合。李（Li）等人在 $U(\text{VI})$ 负载 Co-SLUG-35 的 FTIR 中观察到 EDS^{2-} 的吸附带消失和碳酸盐的新带出现，证实了 $[UO_2(CO_3)_3]^{4-}$ 对 EDS^{2-} 的阴离子交换。虽然 FTIR 对化学官能团和高极性键敏感，但它可能提供更多的定性信息而不是定量信息。

此外，许多研究人员基于 FTIR 对官能团和高极性键的敏感性进行了研究。他们利用 FTIR 将宏观吸附数据与基于 MXene 材料的金属离子相互作用结合起来，进行分子规模的研究。王（Wang）等人测量了吸附 $U(\text{VI})$ 前后

$Ti_3C_2T_x$ MXene 的 FTIR，结果显示，吸附后的 $Ti_3C_2T_x$ MXene 在 $912cm^{-1}$ 位置出现了铀酰离子的 U=0 吸收带，证明了铀酰离子成功吸附在 $Ti_3C_2T_x$ 上。

X 射线光电子能谱分析是一种定量的表面化学分析技术，可以为所有材料表面和近表面的元素（除了氢外）提供元素氧化态、元素种类和成键关系等信息。到目前为止，许多研究已经使用 XPS 技术来表征有毒/放射性金属离子基于 MXene 材料的吸附特性。例如，彭（Peng）等研究了碱化 MXene 在 Pb（Ⅱ）吸附前后的一些元素的 XPS 变化。纯的 $Pb(NO_3)_2$ 中 Pb（Ⅱ）的 Pb $4f_{5/2}$ 峰位在 144.5eV，Pb $4f_{7/2}$ 的峰位在 139.6eV。吸附后的碱化 MXene 中 Pb 4f 的峰位减小了 0.8eV，这说明 Pb（Ⅱ）离子和碱化 MXene 之间形成了强亲和力。

胡斯奈（Husnain）等通过比较 P 2p 和 N 1s 谱位置和强度的变化（图 1-3 所示），研究了 U（Ⅵ）与膦酸盐接枝的磁性介孔碳（P-Fe-CMK-3）之间的相互作用模式。在 U（Ⅵ）吸附后，观察到 P 2p 峰向低结合能的轻微移动及 U-O-P 键新峰的出现，表明 UO_2^{2+} 和膦酸酯官能团之间形成了络合物。此外，R_3N^+ 峰的结合能随着强度的增强而增大，这与 $N(CH_2)_3^{3-}$ 和 UO_2^{2+} 的络合作用有关。

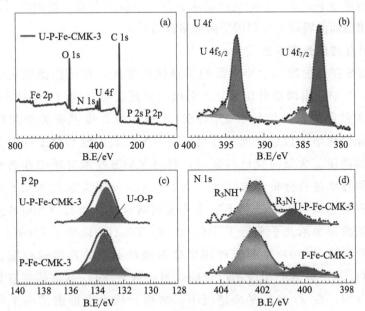

图 1-3 P 2p 和 N 1s 等的谱位置和强度的变化

(a) 铀负载后 P-Fe-CMK-3 的 XPS 光谱；(b) U 4f 峰的高分辨光谱；

(c) P 2p 峰的高分辨光谱；(d) N 1s 峰的高分辨光谱

XPS 结果表明，U(Ⅵ) 在 P-Fe-CMK-3 上的吸附是由于膦酸盐和氮官能团与铀酰离子的协同作用引起的。丁（Ding）等人也通过 XPS 实验分析了 U(Ⅵ) 与磁铁矿氧化石墨烯复合材料（M-GO）的相互作用机制。XPS 的曲线拟合分析表明，U(Ⅵ) 的去除不仅归因于氧化石墨烯中丰富的含氧基团（如—COOH 和—OH），还归因于 Fe(Ⅱ) 结构将 U(Ⅵ) 还原为 U(Ⅳ)。显然，XPS 光谱为理解和预测 U(Ⅵ) 在液-固界面的行为提供了一个有价值的工具。然而，其主要缺点是 XPS 的测量需要超高真空条件，这可能会改变一些样品的性质。

荧光时间衰减光谱法是研究放射性核素化学形态和微观结构的一种非常有用的方法，可以获得放射性核素在环境中的存在形态。可以通过测量具有荧光特性的核素 Eu(Ⅲ)、U(Ⅵ)、Cm(Ⅲ) 等的荧光时间衰减来确定核素离子的存在形态，核素离子荧光时间衰减光谱的衰减时间（τ）与其外层的水分子数 $[n(H_2O)]$ 之间存在一定的关系。核素离子与矿物表面作用时，观察离子形态发生怎样的变化有利于吸附机理的分析和推断。谭（Tan）等运用 TRLFS 技术研究了 Eu(Ⅲ) 在氧化铝表面的吸附形态，发现 Eu(Ⅲ) 的 5D$_0$→7F$_1$（$\lambda=594nm$）峰的强度与 5D$_0$→7F$_2$（$\lambda=619nm$）峰的强度之比随 pH 而变化，表明部分 Eu(Ⅲ) 失去周围的水合分子而吸附在氧化铝的内层，Eu(Ⅲ) 在氧化铝表面的吸附主要归因于内部络合的形式。

（2）先进的光谱方法

XAFS 在过去的二十年中得到了迅速的发展，并已广泛应用于环境研究领域。XAFS 由两部分组成：X 射线吸附近边缘结构（XANES）光谱和扩展 X 射线吸附精细结构（EXAFS）光谱，前者提供有关吸附原子的氧化态和配位化学的信息，而后者用于确定配位数、键和原子间距离以及相邻原子的性质。大量研究已经证明，利用 XAFS 技术对吸附在各种材料上铀的配位环境进行分析是成功的。例如，Auwer 等人通过 XAFS 测量探测了金红石氧化钛吸附铀酰离子形成的表面络合物。极化 XANES 测试结果表明，铀酰棒吸附几乎平行于 TiO$_2$ 表面。EXAFS 证明了 U(Ⅵ) 与 TiO$_2$ 的多晶和单晶（110）面相互作用形成的两种不同的双齿表面配合物：一种是 TiO$_6$ 八面体共有边缘的配合物，另一种是 TiO$_6$ 八面体共有顶部氧原子的配合物。在（001）平面情况下，数据分析表明形成了一个外球面铀酰复合体。EXAFS 研究也调查了 PAF-1-CH$_2$AO 中 U(Ⅵ) 的局部配位环境。EXAFS 数据的高质量拟合（图 1-4）是通过采用一个结构模型来实现的，该模型将 U(Ⅵ) 与 η^2 基序中的 1.4±0.3 个氨基肟官能团结合，赤道面的其余部分填充平均 0.5 ± 0.3 个碳酸盐和 2.1 ± 0.8 个配位水分子。这些结果表明，铀酰离子与邻近偕胺肟的协同结合促进了 PAF-1-CH$_2$AO 对 U(VI) 的吸附性能。

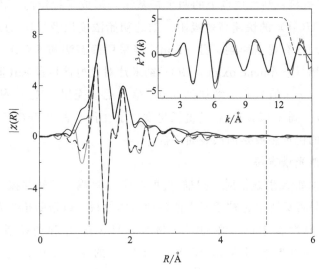

图 1-4　k^3 加权铀 L$_{III}$ EXAFS 谱，适合于 PAF-1-CH$_2$AO

注：插图为 EXAFS 数据与拟合 ［以 k^3 加权 $\chi(k)$ 绘制］

　　XAFS 已被证明是一种非常强大的工具，可以提供深入了解表面形态的性质和局部配位环境。但 XAFS 的缺点是无法区分原子序数差异不大的散射原子（C、N、O 或 S、Cl、Mn 或 Fe）。TRLFS 是一种通过测量被吸附物种的荧光寿命和光谱特征（发射峰的位置和相对强度）来确定不同物种数量及其光谱特征的特殊方法。它是一种无破坏性的原位技术，可用于直接研究镧系/锕系元素的荧光形态，无须任何特殊处理。近年来，已经对该方法进行了测试，以研究固体材料特别是矿物上吸附的铀酰种类的特征。例如，TRLFS 鉴定了两种吸附在三水铝矿石上的具有不同荧光寿命的 U(VI) 表面物质。结果表明其中一个物种归因于双齿单核内球面复合体，其中 U(VI) 与断裂边缘的两个活性 OH$^-$ 基团结合，并与一个 Al 原子相连，而另一个物种归因于多核 U(VI) 表面物种。对铀高岭石-腐植酸三元体系的 TRLFS 研究表明，U(VI) 更喜欢直接吸附在高岭石上，而不是通过 HA 吸附，但它被吸附为铀-腐植酸络合物，充当铀和高岭石之间的桥梁。此外，在二元铀酰-高岭石和三元铀酰-高岭石-HA 系统中均鉴定出两个荧光寿命的物质。但是，仅 TRLFS 结果无法提供足够的信息来识别吸附的表面物质。

目前，XAFS 技术在 MXene 吸附过程的微结构表征中得到了较好的应用。例如，王（Wang）等为了确认吸附机理，在 U 的初始浓度为 100mg/L 和 200mg/L，pH 4.2～5 时，进行了 EXAFS 测量。拟合结果表明，铀酰离子与 V_2CT_x 片层材料钒活性位点上的两个羟基结合形成了稳定的二齿配合物，从而实现了对 U(Ⅵ) 的快速高效吸附。铀的初始浓度以及反应 pH 在实验条件中对反应机理没有显著影响。孙（Sun）等采用静态法和 EXAFS 光谱法研究了氧化石墨烯（graphene oxide，GO）纳米片对放射性核素 Eu(Ⅲ) 的吸附机理，发现随着 pH 值从 6.3 增加到 9.0，第一配位壳层（Eu-O 轨道）的配位数由 6.69 减少到 6.02，Eu-C 的键长也发生了变化，表明 Eu(Ⅲ) 和 GO 纳米片相互作用的机理主要是内层表面络合。

（3）其他光谱方法

其他技术如 X 射线衍射、扫描/透射电子显微镜、核磁共振（NMR）、拉曼光谱和紫外可见光谱也被用于表征各种固体材料，以帮助相关人员更好地了解它们对放射性核素的吸附性能。例如，Huynh 等利用拉曼光谱研究了 U(Ⅵ) 与氨基功能化 SBA-15（SBA-15-N_2C_1）的相互作用。在 U(Ⅵ) 吸附后，在拉曼光谱中观察到位于 $827cm^{-1}$ 和 $1047cm^{-1}$ 处的两个新特征带，分别对应于铀酰类物质的 U=O 不对称拉伸和硝酸盐拉伸模式，这表明内球络合参与 U(Ⅵ) 在 SBA-15-N_2C_1 上的吸附过程。$Cs_2[(AnO_2)_2(TO_4)_3]$（其中 An=U，Np；T=S，Se，Cr，Mo）是一类含锕系化合物，尽管在锕系和氧阴离子的位置上有取代，但由于其结构的惊人稳定性，仍备受关注。Burns 等用高温粉末 X 射线衍射、拉曼光谱和发光光谱技术分析了硫酸铀酰铯和硒酸盐化合物；此外，还进行了高温氧化物-熔体量热法的研究，得出了这两种化合物的生成焓。对六种已知同型化合物的晶体结构进行了比较，揭示了它们特定的具体几何参数，这导致它们热行为和光谱的差异。An 和 T 位点的化学变化导致 Cs^+ 配位环境的改变，从而增加了 Cs^+ 配位环境对层状结构单元和结构本身稳定性的影响。这些取代机制可被视为制备具有所需性质的化合物的化学组成选择性的实例。华阳川铀多金属矿床是国内唯一、国际少见的一个具有超大型前景的与碳酸岩有关的铀多金属矿床，其主要矿物类型为铌钛铀矿和方铅矿并伴随着稀有稀土元素的矿物，这种成矿类型在国外很少发现。因此对于复杂的铀多金属矿主要元素的检测显得尤为重要。杨佳等使用硝酸-高氯酸-氢氟酸（6∶6∶1）混酸处理样品，使用电感耦合等离子体发射光谱（ICP-OES）法测定铀铌铅多金属矿中的铌铅元素，加标回收率为 95.9%～102%，相对标准偏差（RSD）在 0.50%～3.3%，结果准确度、精密度都比较理想，具有较高的工作效率，为同类研究工作提供了有价值的实验经验和方法条件，具有一定的理论和实际应用价值。又如放射性核素浓度的分析可以采用紫外分光光度法，通过测量不同浓度核素溶液的紫外可见吸收光谱曲线，利用最大吸收峰的吸收强度绘制铀浓度标准工作曲线，绘制其线性工作曲线方程，从而得到吸附过程前后放射性核素溶液的浓度。

第2章
理论计算方法

除了发展越来越成熟的重要光谱方法外，全电子从头算（all electronic ab initio，ab initio）、密度泛函理论（DFT）、表面络合模型（SCMs）和分子动力学（MD）模拟等理论计算方法也被发现是研究各种化学问题的有力工具。理论计算揭示了分子水平上的独特信息，包括表面形态分布、优化的几何结构、吸附位点、电荷密度以及吸附反应体系的相对能量稳定性，它们不易从实验或光谱方法中获得。更重要的是，理论计算的实施可以进一步完善实验/光谱方法，帮助读者更好地理解吸附反应体系。

2.1
相对论效应

爱因斯坦狭义相对论理论根据动能和质量间的等式 $E=mc^2$ 认为当物体以接近光速移动会使质量增加。原则上，相对论效应（relativistic effects）影响周期表中的所有元素，但在实践中，这种影响对轻元素是可以忽略不计的。然而，从铂元素开始，相对论效应开始有明显的影响，比如使金配合物中线型几何配位占优势。

相对论对重元素物理和化学性质的影响已得到人们充分的证实和记录。相对论效应可分为两类：电子波函数与能量的修正，即金属价原子轨道（metal valence atomic orbitals，AOs）效应和自旋轨道耦合效应。第一种效应本身可以分为两种：直接的轨道收缩和间接的轨道扩张。前者主要适用于所有的 s 轨道，在较小程度上适用于 p 轨道，在文献中解释如下：内核电子以接近光速的径向速度运动，这种高速导致电子质量和径向扩展的改变，产生轨道收缩。相同但较高 n（价态）值的 AOs 也收缩，以保证与核轨道函数的正交性。但后来发现之前这种普遍的价/核轨道正交理论很可能是不正确的。Baerends 等人研究表明，核 AOs 上高 n 的 s 和 p 轨道函数的正交化导致了价轨道很小的扩展。这些价轨道的整体收缩实际上是由于能量较高的轨道（特别是连续轨道）被相对论效应修正的哈密顿混合在一起造成的。间接轨道扩张描述了相对论对价轨道 d 和 f 函数的影响。这是由于与 d 和 f 函数的径向分布相似的外核 s 和 p 电子的直接收缩而增加了对核电荷的屏蔽。这将降低原子的稳定性。对于非常重的元素，如放射性锕系元素，AOs 的相对论修正是非常重要的，而对 5f 元素的计算处理应该尽可能地结合这些 AOs 修正。这可由狄拉克提出的薛定谔方程通过相对论类比实现，它以一种自然的方式引出了电子自旋的概念。在形式上，所有原子和分子波函数的特征都是一个总角动量，这个总角动量是电子固有的自旋角动量和其轨道运动所产生的合力。由于这些自旋-轨道耦合效应对核电荷有很强的依赖性，因此对锕系元素具有重要意义。例如，在解释和计算锕系配合物光谱时，需要适当地考虑自旋轨道耦合的影响。

自旋轨道耦合效应（spin-orbit coupling affects）会影响所有元素，但这些影响对于重元素来说更为显著。d 区元素的自旋轨道耦合效应相对较小（约 $200 \mathrm{cm}^{-1}$），晶体场效应反而占主导地位（$\Delta_0 \approx 15000 \sim 25000 \mathrm{cm}^{-1}$），因此轨道角动量（$L$）的影响可忽略，只留下自旋角动量（$S$）。对于镧系元素，晶体场效应很小（约 $100 \mathrm{cm}^{-1}$），自旋轨道耦合变得较重要（约 $1000 \mathrm{cm}^{-1}$），但电子间排斥占主导地位。对于铀来说，晶体场效应是可观的（约 $1000 \mathrm{cm}^{-1}$），电子间排斥仍然非常大，但自旋轨道耦合效应更大（约 $2000 \mathrm{cm}^{-1}$）。因此，对于铀等锕系元素，必须考虑 S 与 L 的耦合给出的量子数 J，即总原子角动量。构建 J、LS 或 Russell-Saunders 结构有两种主要方法，耦合可以用于与电子间斥力相比自旋轨道耦合相对较弱的系统。然后可做出两个假设。第一，所有的电子自旋相互结合产生 S；第二，所有的电子轨道动量相互结合产生 L，然后 S 和 L 结合产生 J。这种方法假设基态与激发态是完全分离的，即没有 J 能级的混合。另一种方法是 j-j 耦合。该方法适用于自旋轨道耦合相对于电子间斥力较强时的系统。在这个方案中，自旋角动量和轨道角动量结合在一起，给出了每个电子的总角动量 j，然后每个 j 值相加给出量子数 J。然而，对于铀，单独使用 LS 或 j-j 耦合方案都不正确，因为铀位于支撑每种方法的假设之间。此外，由于 5f 轨道相对于 4f 轨道的弥散性，以及它们对配体场的敏感性增加，这两种方法都不适用于铀。与镧系元素有很好的分立的 J 能级不同，在铀中 J 能级是混合的，也就是说，J 不再是可靠的量子数。然而，在框架中运行是有用的，*LS* 耦合方法提供了基于铀电子结构和磁性模型的良好第一近似。

2.2
基函数

　　基函数（basis functions）也被称为基组，是用来描述体系波函数具有一定性质的若干函数组，简单来说基组由体系中各个原子的原子轨道波函数组成。基组是量子化学计算的基础。主要包括斯莱特（Slater，STO）型基组（如 DZP 和 TZP）、高斯（Gauss）型及在高斯型基组上又形成的 STO-3G、劈裂价键（如 6-31G 等）、极化基组（如 6-31G**）和弥散基组（即将弥散函数基组添加在劈裂价键基组中）等。在描述电子云分布时使用 Slater 型基组一般优于其他基组，但计算积分时显得十分复杂，使它的应用受到限制。对比 Slater 型基组，Gauss 型基组计算多中心的积分时要更简明。对于锕系元素，随着 d 和 f 轨道的出现，计算时使用含有极化函数的 Gauss 基组显得更为合理。轨道是基函数的特定组合。它与 Fock 方程计算的本征函数或哈密顿量有关。函数只是表示轨道的基本数学形式。例如，Slater 型基组是表示 Slater 轨道的函数，而将 Slater 函数用高斯函数替代则形成了 Gauss 型基组。

　　考虑到相对论效应，基组还可分为全电子基组和价电子基组。在高斯型基组中，早期人们使用标准的价电子基组"大核"赝势（effective core potential，ECP）即 LC-ECPs 基组研究锕系配合物。这些 ECPs 对内核的 78 个电子进行冻结，对外层 14（铀）、15（镎）或 16（钚）个价电子进行计算。最近，在文献中已经证明了使用"小核"ECPs 即 SC-ECP（仅冻结内核 60 个电子）基组虽然由于价电子数量的增加在计算上要求更高，但对锕系配合物分子的计算性能产生了巨大的影响，因为 SC-ECP 计算给出了与实验更接近的一些分子性质，包括几何形状、振动频率或配体 NMR 化学位移。最近，巴蒂斯塔（Batista）等人证明了 SC-ECPs 的使用为 UF$_6$ 的第一键离解能提供了极好的计算结果。与实验结果相比，LC-ECP 计算的能量差了很多。Batista 等人也讨论了看似内核轨道强烈影响的可能原因，这些轨道在 LC-ECP 方法中被忽略了，但却包含在 SC-ECP 方法的价电子空间中。使用内核冻结的赝势基组，函数的数目比它们对应的全电子基组要小得多，这样在很大程度上节省了计算成本。

2.3
从头算方法

Ab initio 方法是基于非相对论量子理论、Born-Oppenheimer 近似和单电子近似，而不借助于任何经验参数的一种计算方法。其实质是以分子轨道理论为基础，从 HFR 方程出发，适当选取原子轨道的线性组合去模拟分子轨道。计算时，先选定基函数，对 HFR 方程所涉及的全部单电子积分和双电子积分均进行严格的计算。

利用从头算方法解决分子的电子结构问题，对于含有 N 个电子的分子，计算机时（CPU）将与 N^4 成正比。对于过渡金属元素而言，其电子数目多，内层电子与价电子性质差异大，相对论效应对于价层电子有着很大的影响。为了节省机时，对于重原子内层化学惰性电子用有效核势代替，并考虑相对论效应的影响，从而更加合理地解释价层电子化学性质。

近年来随着计算机技术的飞速发展，Ab initio 的理论和实验都取得了很大的进展。但是，由于全电子从头计算方法工作量巨大，很多化学上有意义的体系，尤其含重元素的体系，目前尚难于用全电子从头算方法去完成计算。

DFT 和 Ab initio 两种计算方法既有相似之处，也有不同之处。研究表明，HF-SCF 方法的一个严重缺陷是它不能包含电子相关性。相比之下，即使是简单体系的 DFT 计算也能在某种程度上解释电子相关效应。HF-SCF 计算所需的计算时间可以表示为 N^4，对于某些体系，后 HF 方法计算要求更高，甚至可达 N^7。尽管随着不断增加的计算机运算能力将能不断地增强从头算方法的计算速度，但这在实践中严重地限制了研究体系的大小；相反，大多数 DFT 方法的计算能在 N^2 到 N^3 之间实现（分子 DFT 方法通常使用类似于从头计算方法中所使用的以原子为中心的基函数），使得 DFT 计算比 HF（特别是后 HF 方法）的计算成本要低得多。此外，从头算方法在实践中仅限于高斯基组（出于计算可行性的原因），而在 DFT 计算中使用 Slater 型基函数则要简单得多。这一点的意义在于，一般来说，金属价原子轨道（metal valence atomic orbitals，AOs）效应的数学描述比高斯函数需要更少的 Slater 函数，这意味着在 DFT 计算中，N 可以小于类似的 Ab initio 从头算方法中的 N，从而进一步提高 DFT 的相对速度。

2.4
密度泛函理论

密度泛函理论（DFT）是目前非常流行的计算原子、分子、晶体、表面及其相互作用的结构方法，能够描述各种纳米尺度现象中的电子态，包括分子中的化学键、材料的能带结构、电子转移和蛋白质的活性金属团簇等。它可以给出总能量、电子能带结构和电荷密度等输出量，以及分子的构型。现代 DFT 理论是在 20 世纪 60 年代中期形成的，当时 Hohenberg、Kohn 和 Sham 做出了开创性的贡献。这些工作人员都是固态物理学家，这或许可以解释为什么 DFT 花了这么长时间才渗透到量子化学的领域中。事实上，除了少数几个值得注意的事例外，DFT 仅仅在近三十年才成为"主流"量子化学理论。DFT 的基本自变量是电子密度 $\rho(r)$，它具有函数的性质，Hohenberg 和 Kohn 根据电子密度可以导出系统的所有基态能量，它们都是电子密度的函数，也可称为密度泛函。Hohenberg-Kohn 的密度泛函理论，将多电子量子问题转变成基态电子密度理论。随后 Kohn 和 Sham 通过求解 Kohn-Sham 方程将多电子体系转化成等效的单电子体系即单粒子轨道的自洽方程，根据该方程，如果已知精确的交换-相关（能）泛函 $E_{xc}[n]$，则能得到精确的基态能量和精确的基态电子密度。DFT 计算的成败完全取决于所选择的交换-相关泛函近似的有效性。多年来虽然密度泛函一直是密集研究的主题，交换-相关泛函也已经有了非常好的近似公式，但它的精确数学形式人们还未得出。Kohn-Sham 密度泛函理论被广泛用于通过自洽场电子结构计算原子、分子和固体的基态性质。

2.4.1 交换-相关泛函

对精确的交换-相关泛函的探索在密度泛函理论（DFT）中一直是一个巨大的挑战。因为它通过计算可跟踪的电子密度数量，而不依靠多电子波函数描述了多电子量子力学行为。常用的较精确的交换-相关泛函近似方法可以根据 Jacob's 的阶梯法分为三类：梯子的最低层被局域密度近似（local density approximation，LDA）占据，它只使用单个密度点输入，然后是包含密度梯度的广义梯度近似（general gradient approximation，GGA）和包含动能密度的 meta-GGAs 以及混合了一小部分非局域 Fock 交换的杂化泛函（hybrid functionals，HF）。在过去几十年中，已经提出了 500 多个这类函数，尽管其中大多数的影响都非常有限。

目前在 ADF 和 Priroda 计算程序中普遍使用的 GGA-PBE 泛函，是 1996 年由 Perdew、Burke 和 Ernzerhof 在原来 GGA 基础上提出的一种新的交换-相关能 GGA 泛函，该方法改进了原来 GGA 泛函的原子、分子和固体的局部自旋密度（local spin density，LSD）描述，保留了 LSD 近似的正确特征，并将它们与梯度校正的最重要非局部特征相结合，也称为 PBE 泛函。它的函数形式更简单，更容易理解和应用。在计算 120 个原子以上的锕系配合物时使用 GGA-PBE 泛函，不但计算速度快，而且计算结果与实验值符合得较好，是目前锕系配合物计算主要采用的泛函。

DFT 的速度优势在锕系化学计算中有着非常重要的意义。同时，DFT 方法的速度使考虑相对论效应时不受基组的限制；相对论哈密顿已经被应用在密度泛函方法中，现在被广泛地在锕系配合物的计算中使用。

2.4.2　密度泛函理论的应用

应用 DFT 技术的例子能在原子尺度上解释 U（Ⅵ）与吸附剂之间的化学相互作用。例如，Carboni 等人通过 DFT 计算研究了在 MOFs 中具有磷酸化脲基的铀酰基团的结合模式。结果表明铀酰离子与两个磷酸脲配体以热力学上有利的单配位方式结合。MOF 腔内的铀酰离子与磷酰脲配体的协同作用导致共价键 $[(P{=\!=\!})O\text{-}U]$ 形成，并促进 UO_2^{2+} 填充到四面体"口袋"中。Sun 等人利用 DFT 计算在磺化 GOs 表面探索了铀配位配合物。根据实验测试结果，—OSO_3H 官能团和—COOH/—OH 官能团分别在 pH 2.0 和 6.0 条件下对 U（Ⅵ）吸附过程起重要作用。因此，利用 DFT 技术研究了在 pH 2.0 和 pH 6.0 条件下，U（Ⅵ）与—OSO_3H 和—COOH 配位的结构。如图 2-1 所示，给出了优化的—OSO_3H 和—COOH 基团与铀酰形成配合物的几何构型。计算了优化的氧化石墨烯配合物模型中含有铀酰的能量。结果表明，在 pH 2.0 时 $[GOs\text{-}OH\text{-}COOH\text{-}OSO_3\cdots UO_2]^+$（−3198.511 hartree/微粒）的能量略低于 $[GOs\text{-}OH\text{-}OSO_3H\text{-}COO\cdots UO_2]^+$（−3198.498 hartree/微粒）的能量，但在 pH 6.0 时得到相反的结果。这些观察结果表明，铀酰离子在低 pH 值条件下

更倾向于与磺酰形成稳定的配合物，而在 pH 6.0 条件下观察到更稳定的
U(Ⅵ)-羧基配合物，这与实验表征结果很一致。

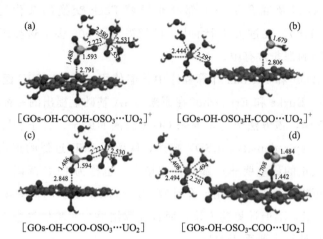

图 2-1　在 pH 值为 2.0 ［(a) 和 (b)］和 pH 值为 6.0 ［(c) 和 (d)］的条件下，
DFT 优化的氧化石墨烯-铀酰配合物的几何形状

　　由于以 GOs 为基体的材料在核废料处理中的应用前景广阔，研究 GOs 与
放射性核素的反应机理具有重要意义。Wu 等运用 DFT 计算研究了四种不同
改性 GOs 与锕系元素 Np(Ⅴ) 和 Pu(Ⅳ，Ⅵ) 离子的反应机理，结果表明：
相对 Np(Ⅴ) 和 Pu(Ⅵ) 离子，Pu(Ⅳ) 与改性 GOs 形成了更多的共价配位
键，因而更容易与改性 GOs 相结合，进而更有效地被吸附去除。由它们在溶
液中与 GOs 的结合能可知，GOs 对于锕系元素的吸附能力遵循的顺序是：
Pu(Ⅳ)＞Pu(Ⅵ)＞Np(Ⅴ)。这为开发更有效的 GOs 类纳米材料来处理放射性
废水提供了非常有用的信息。

2.5
表面络合模型

　　表面络合模型（surface complexation models，SCMs）是一种定量工具，
用于预测铀在固体-水界面的宏观物理化学行为。SCMs 用一组拟合常数来解
释溶液化学（如 pH、溶质浓度和离子强度）对水和表面形态的影响。此外，
SCMs 还可以通过模拟酸碱电位滴定数据来描述吸附剂的酸碱性质。一般情况

下，在基于反应的框架中，常用扩散层模型（DLM）、恒电容模型（CCM）和三电层模型（TLM）三种 SCMs 模型来预测放射性核素（铀等）的吸附。在一些文献中对三种模型进行了详细的比较。Hu 等人测试了三种典型的 SCMs（DLM、CCM 和 TLM）对氧化石墨烯上 U(Ⅵ) 的吸附效果。三种模型均能很好地拟合实验数据，而 TLM 模型的拟合结果优于 DLM 模型和 CCM 模型，这是由于 TLM 模型使用了更多的参数。在低 pH 值条件下，DLM 和 CCM 方法低估了实验数据。拟合结果表明，随着 pH 值的增加，氧化石墨烯对 U(Ⅵ) 的吸附包括形成单齿和单核内球表面复合物（$SOUO_2^+$ 物种）及双齿和双核内球表面复合物$[(SO)_2UO_2(OH)_2^{2-}]$ 物种。Ling 等人将 DLM 方法与可视化 MINETQ 程序应用于 LDH 和 LDH/GO 复合材料上模拟 U(Ⅵ) 吸附。结果表明，DLM 对离子交换和两种内球表面配合物在 LDH 和 LDH/GO 复合材料上的 U(Ⅵ) 吸附效果较好。模拟结果也详细解释了不同 pH 条件下吸附物质的变化。对于裸 LDH 上的 U(Ⅵ) 吸附 [图 2-2(a)]，在 pH<4.0 下观察到 X_2UO_2 种类，随后观察到 $SOUO_2^+$ 和 $SOUO_2(CO_3)_2^{3-}$ 在 pH 4.0～6.0 和 pH>6.0 下分别成为主要物种。然而，在 pH<4.0 时，U(Ⅵ) 以 $SOUO_2^+$ 的形式吸附在 LDH/GO 复合材料上，而在 pH>5.0 时，$SOUO_2(CO_3)_2^{3-}$ 成为主要的物种 [图 2-2(b)]。主要的表面络合反应可以表示为：

$$2 > XH + UO_2^{2+} = (>X)UO_2 + 2H^+ \qquad \lg K = 3.2 \qquad (2\text{-}1)$$

$$> SOH + UO_2^{2+} = \qquad > SOUO_2^+ + H^+ \qquad \lg K = -2.7 \qquad (2\text{-}2)$$

$$> SOH + 2H_2CO_3 + UO_2^{2+} = \qquad > SOUO_2(CO_3)_2^{3-} + 5H^+ \qquad \lg K = -18.9$$

$$(2\text{-}3)$$

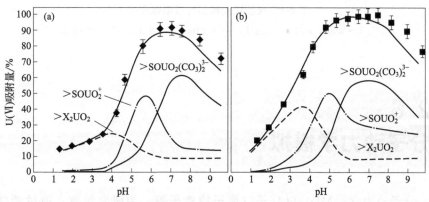

图 2-2　U(Ⅵ) 在 LDH(a) 和 LDH/GO(b) 上的吸附随 pH 的变化的模拟结果：
$T = 293K$，$m/V = 1.5g/L$，$I = 0.01mol/L$ NaClO$_4$，$C_0 = 10mg/L$

这些观察结果暗示在 pH<4.0 时，U(Ⅵ) 通过阳离子交换机制吸附在 LDH 和 LDH/GO 复合材料上。内球表面络合作用在 pH>5.0 时主导了吸附过程。尽管 SCMs 可以通过多种机械吸收过程模拟吸附，但是由于表面配合物和吸附位点的准确特性尚不清楚，因此只能描述为准机械模型。为了获得可靠的预测，需要有关在吸附剂表面形成配合物的分子尺度的准确信息，以补充 SCMs。

Ding 等采用双层扩散模型（diffuse double layer model，DDLM）并在 FITEQL 软件的帮助下对 Eu(Ⅲ) 和 U(Ⅵ) 在 GO 纳米片上的吸附进行了研究，发现 pH 值在 2~9 的范围内时，其主要的吸附反应可用下列反应式表示：

$$>SOH + M^{n+} = \quad >SOM^{(n-1)+} + H^+ \tag{2-4}$$

$$>SOH + M^{n+} + H_2O = \quad >SOMOH^{(n-2)+} + 2H^+ \tag{2-5}$$

分析图 2-3 可知，DDLM 模型可以很好地描述 GO 对于 Eu(Ⅲ) 和 U(Ⅵ) 的吸附过程，其吸附机理主要是由于 GO 上的含氧官能团的作用。另外发现 U(Ⅵ) 的 lgK 值是高于 Eu(Ⅲ) 的，证实了 GO 对于 U(Ⅵ) 的吸附量是大于 Eu(Ⅲ) 的，与其所做的静态实验和吸附等温线结果一致。

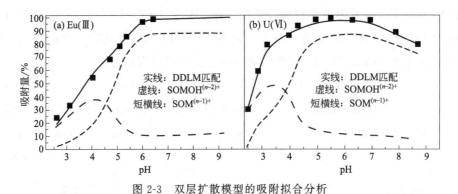

图 2-3 双层扩散模型的吸附拟合分析

$T = 303K$，$m/V = 0.20g/L$，$I = 0.01mol/L\ NaClO_4$，$C_0 = 10mg/L$

2.6
分子动力学模拟

分子动力学（MD）以分子（原子或离子等）为研究对象，通过考察微观分子的运动规律，推导反应体系的宏观现象和基本规律。分子动力学从系统的微观状态出发分析系统的性质，可以解决现有实验手段难以在原子水平上精确、定量测定分子运动信息的问题。MD 可以对水/矿物的界面、核素离子水合化稳定构型进行模拟计算，如氧化铝的水合表面结构、$UO_2^{2+}(H_2O)_5$、碳酸铀酰化合物结构中碳酸配体和水配体的个数等。近年来，越来越多的科研人员开始利用分子动力学模拟界面吸附现象。从模拟结果直接观测到铀酰离子在矿物表面的吸附位点，并由径向分布函数得到 U(Ⅵ) 离子周围的配位情况。

MD 模拟被广泛应用于描述分子水平的基本结构和动力学特征。它还使得对时间和长度尺度的探测不仅能够获得铀酰表面络合物的结构信息，而且能够获得各种被吸附的铀酰物种的相对自由能。到目前为止，已有多项研究利用 MD 模拟来描述不同吸附材料与铀酰的潜在相互作用。例如，Zheng 等人对 UO_2^{2+} 在 3D 微孔膦酸锆 MOFs(SZ-2) 上的吸附过程进行了 MD 模拟。模拟分别从 U(Ⅵ) 吸附的顶部 [001] 方向 [图 2-4A] 和侧面 [100] 方向 [图 2-4B] 进行。如图 2-4 所示，可以发现 UO_2^{2+} 赤道方向的水分子对与 SZ-2 的结合至关重要。对 UO_2^{2+} 与 SZ-2 和水之间的范德华力和静电相互作用能时间演化的进一步研究表明，强静电相互作用能有效地驱动 UO_2^{2+} 进入 SZ-2 框

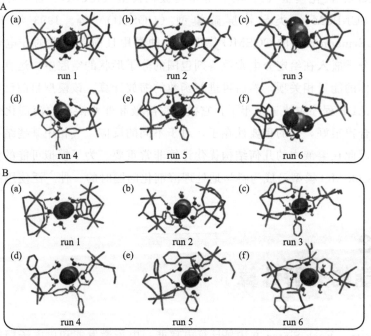

图 2-4　分别从顶部 [001] 方向 （A） 和侧面 [100] 方向 （B）
对 U(Ⅵ) 吸附进行了 MD 模拟

架。从 MD 模拟获得的发现提供了 UO_2^{2+} 在原子水平上潜在反应行为的微观照片，这也支持了从光谱分析获得的离子交换机理。

MD 还可以模拟核素粒子与 HA 的聚合作用，研究发现离子的价态、酸碱度、半径大小等均能够明显影响 HA 的聚合行为，从理论上观察核素粒子与腐植酸的结合方式及络合位点。

2.7
溶剂化效应

在计算化学中，模拟气相环境研究分子的化学性质是非常准确的，但实际化学反应常常是在溶液中进行的，不同的溶剂对反应速率、机理和产物的选择性都有非常重要的影响，由此产生的溶剂化效应是不能忽视的一个重要问题。通常在模拟溶剂化模型时将溶剂分子看成是均一的连续介质（continuum），也称为反应场（reaction field）。已知的连续介质模型有很多，如点偶极模型（Onsager）、极化模型（PCM）、等密度极化模型（IPCM）、自洽等密度极化模型（SCI-PCM）、类导体屏蔽模型（COSMO）等。1993 年 Klamt 和 SchuÈuÈErmann 提出的 COSMO 模型是一种常用且简单有效的介电模型，其中溶质分子嵌入在给定介电常数溶剂包围的分子形状的空腔中。运算中首先计算该导体的能量相关项，然后再进行函数的缩放计算。该模型目前已经被成功应用在 ADF 程序中快三十年了，它模拟水溶液和非水溶液的溶剂化效应与实验值符合得很好，它的重要性在于，对于不同的反应，气相中某些结构是不存在的，因此在溶液中的几何结构优化计算非常重要。为了模拟可能的溶剂萃取过程，COSMO 模型已成为科学地处理溶剂化问题时的一种广泛使用的模型。

2.8
键能的分解计算

Hartree Fock Slater 方法是计算电离能、电子激发能和单电子期望值的有力工具。结果表明，该方法对键能 D_e 和键距 R_e 的计算同样有用。通过分析评估键合能的某些部分，使用与计算 Hartree Fock Slater 矩阵元素所需的相同数量的点可以获得相当准确的结果，而不会显著增加计算时间。

在 Kohn-Sham 分子轨道框架下（也就是 DFT 理论框架下）得到的分子轨道，是一种近似的并非真正意义的分子轨道，但长期以来大家认为是分子轨道很好的近似，效果也不错，可进行定量的能量分解，也就是大家常说的 EDA（energy decomposition analysis）分析。该方法把两个片段间的作用能（键能）分解成静电相互作用、Pauli 排斥轨道相互作用，以及"吸引"轨道相互作用等，公式如下：

$$\Delta E_{int} = \Delta E_{elstat} + \Delta E_{Pauli} + \Delta E_{oi} \tag{2-6}$$

ΔE_{elstat} 表示在经典概念下，单体结构已经完成"形变准备"，两个单体之间的电子密度还互不影响的时候，单体之间的静电相互作用。电子密度空间分布为两个孤立单体的电子密度直接叠加。通常，这是吸引作用（否则无法形成二聚体）。总的来说，这是碎片之间的局部电荷之间的一种"吸引"作用，导致总体能量降低。

Pauli 排斥轨道相互作用 ΔE_{Pauli} 包括占据轨道之间的倾向于破坏稳定的相互作用，即产生了占据轨道之间在空间上、能级上互相排斥的效果。我们以 F—F 键来举例，二者的占据 p 轨道成键后分别形成 p_{ig} 和 p_{iu} 两种占据轨道，后者能量低于前者。当 F—F 从较长键长，例如 1.7Å，逐渐缩短到 1.1Å，两个原子的占据 p 轨道之间的排斥越来越厉害，在空间上，尽量地互相躲开，形成 p_{ig} 和 p_{iu} 轨道；在能级上，二者也互相"躲开"，p_{ig} 越来越高，p_{iu} 越来越低，导致二者之间的 Gap 也越来越大。总的来说，它是碎片的占据轨道与另一个碎片的占据轨道之间的一种"排斥"效果，导致总体能量升高。

轨道相互作用 ΔE_{oi} 在任何分子轨道理论模型中，当然也包括密度泛函 Kohn-Sham 理论，都是产生电荷转移的原因所在（也就是施主、受主，一者的占据轨道和另一者的空轨道之间的相互作用，是由二者互相混合所造成。HOMO-LUMO 之间的相互作用，或者说互相混合，也包括在其中。这部分轨道的相互作用，或者说这部分轨道的混合，导致了单体之间出现电荷转移）；另外，ΔE_{oi} 也导致极化（由于另一个单体的存在，导致此单体自己的空、占轨道之间也在一定程度上互相混合。这部分轨道的相互作用，或者说这部分轨道的混合，导致了单体的极化）。实际上这一项是表征（片段间）共价作用的强弱的。这一项越大，表示共价作用越强。总的来说，这是碎片占据轨道和另一个碎片的空轨道之间的一种互相"吸引"作用，导致总体能量降低。

能量分解分析（EDA）方法最初是在 DFT 环境中引入的，并由 Ziegler 和

Rauk 在 ADF 程序中实现。在 EDA 方法中,相互作用 (ΔE_{int}) 被分解为经典的静电吸引 (ΔE_{elstat})、封闭壳层之间的空间或泡利斥力 (ΔE_{Pauli}) 和电子对成键和弛豫效应 (主要是相应的键长变长引起的几何松弛) 引起的成键轨道相互作用 ΔE_{oi}。空间效应主要是空间位阻引起的泡利斥力。ΔE_{elstat} 和 ΔE_{oi} 是具有引力的项。如果原子接近并开始在它们的波函数之间建立重叠,分子系统的能量就会增加,这是一种定义明确、易于理解的现象。在 MO (分子轨道) 模型中,这相当于已占据轨道之间的重叠,这就产生了泡利斥力。通常,这种泡利斥力的开始可能会引起几何松弛过程,从而减轻这种斥力,并影响其他能量项,如静电吸引和轨道相互作用 (也减小)。

2.9
电子密度拓扑分析

电子密度是通过高分辨 X 射线衍射和随后的多重精细测量而得到的可观测物理量。将量子化学计算的关键拓扑参数与实验确定的电荷密度分布进行比较已成为一个重要的研究领域。在许多情况下,实验和理论导出的密度特征是一致的。拓扑分析方法被看作是在实验和理论之间提供了一种桥梁。20 世纪 80 年代 Bader 提出了"分子中的原子"理论模型,其课题组在电子密度拓扑分析的工作十分出色。在各种分子领域的拓扑分析中引入了描述键的参数,如电子密度、拉普拉斯密度等,随后该模型的量子理论也不断发展,被称为"分子中原子的量子理论"(quantum theory of atoms in molecule,QTAIM)。最近几年该领域又引入了电子定域化指数等参数。

在 QTAIM 方法中,电子密度 $\rho(r)$ 是重要的核心性质,为许多化学概念提供了物理基础。电子密度是一个标量场,其拓扑性质是通过对其相关梯度矢量场的分析来确定的。第一个重要特征是临界点 CPs(critical points) 在空间中的位置。电子密度中的 CP 是密度梯度消失的点,例如 $\nabla^2 \rho = 0$。在像 $\rho(r)$ 这样的三维标量场中,有三种类型的 CPs:最大值、最小值或鞍点。临界点可以用 CPs 处 Hessian 矩阵 $\boldsymbol{H}_{xyz}$ 的本征值 $\lambda_i (i=1,2,3)$ 来表征,即式(2-7):

$$\boldsymbol{H}_{xyz} = \begin{bmatrix} \partial^2_{xx}\rho & \partial^2_{xy}\rho & \partial^2_{xz}\rho \\ \partial^2_{yx}\rho & \partial^2_{yy}\rho & \partial^2_{yz}\rho \\ \partial^2_{zx}\rho & \partial^2_{zy}\rho & \partial^2_{zz}\rho \end{bmatrix} \qquad (2-7)$$

临界点根据矩阵的排列、烷基种类、非零本征值的数目和原子间的表面进行分类，即本征值符号（sgn）的代数和：

$$S = \sum_{i=1}^{3} \mathrm{sgn}(\lambda_i) \qquad (2\text{-}8)$$

例如，一类鞍点具有两个完全负（非零）本征值和一个完全正本征值。其排列为3，标记为$(-1)+(-1)+1=-1$。将这一点标记为（3，-1）CP，其中第一个数字指的是排列，第二个指的是标记。这种典型的 CP 被称为键临界点（BCP），因为它表明在平衡几何中分子的两个核之间存在一个键。其他类鞍点包括（3，-3）CP 是局部最大值，（3，1）是两个方向中一个方向上的极小值和另一个方向的极大值，（3，3）是局部最小值。上述每一类临界点都表示元素的一种化学结构：（3，-3）表示核临界点（NCP）；（3，1）表示环临界点（RCP）；（3，3）是笼临界点（CCP）。（3，-1）键临界点通过原子相互作用线与原子核相连。这条线由一对梯度路径组成，每条路径都起源于键 CP，并在核处终止。在有界系统中，原子相互作用线称为键径，它是电子密度的另一个重要特征。键径一般情况下是直线形的；但在一些特殊的分子体系中也可以是曲线状的。绘制出的分子（或分子配合物）中所有键径的集合图称为分子图。图 2-5 是具有弯曲键径的 $U(\eta^8\text{-}C_8H_8)_2(CN)^-$ 离子配合物的分子图。QTAIM 拓扑分析中用椭率来表示键径的弯曲程度，并且椭率值越大，化学键显示出越明显的 π 键特性，趋近于零时，化学键则表现出 σ 键特性。

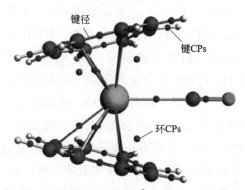

图 2-5　QTAIM 方法计算的 $U(\eta^8\text{-}C_8H_8)_2(CN)^-$ 的分子图

在 QTAIM 中，键临界点（BCP）是两个成键原子（BP）之间电子密度最低的点。继 Bader 之后，基本上有两种成键相互作用：共享电子相互作用和非共享电子相互作用。共价和配位相互作用被归类为共享或开壳层相互作用，而离子、静电、氢键和范德华键被归类为非共享或闭壳层相互作用。金属-金属键处于典型离子键和典型共价键之间的状态，BCP 处的拉普拉斯密度 $\nabla^2\rho(r)$ 可以用来描述键的分类。负值表示电子密度的局部浓度，而电荷损耗的特征是拉普拉斯密度为正值。然而，对于弱极性键或强极性键，对电子密度 $\rho(r)$ 及拉普拉斯密度 $\nabla^2\rho(r)$（接近于零）的分析不足以描述其成键特征，额外信息可从本征值或总电子能量密度 $H(r)$ 中［动能 $G(r)$ 和势能 $V(r)$ 之和］获得。AIM 还可以求得分子中原子和原子对的定域化指数 $\lambda(A)$ 和离域化指数 $\delta(A,B)$，以便在一定程度上获得电子定域于一个给定原子或与其他原子共享的定量信息。QTAIM 方法已被证明是一种描述锕系元素-配体/金属成键作用的可靠方法。

2.10
多种方法的结合

如上所述，每种方法都有自己的特征和专长，但是这些方法都不是万能的。因此，总是需要各种分析方法的组合来获得对吸附行为的全面而准确的描述。

典型事例如，Zhou 等人通过结合几种分析技术（如 FT-IR、XPS、EX-AFS 和 DFT），深入研究了 U(Ⅵ) 在甘油改性 Ca/Al LDH(Ca/Al LDH-G1) 和 Ni/Al LDH(Ni/Al LDH- G1) 上的吸附行为。FT-IR 结果表明，甘油被成功地引入到 LDHs 表面。XPS 分析显示，Ca/Al LDH-G1 的总含氧官能团（如 C—O、O—C＝O、C＝O）含量高于 Ni/Al LDH-G1，这可以提供更多自由活性位点与 U(Ⅵ) 结合，合理解释了 Ca/Al LDH-G1 具有较高吸附能力的原因。EXAFS 数据显示 U(Ⅵ) 不会在 LDH 上转变为 U(Ⅳ)，并证实形成了内球 U(Ⅵ) 配合物。DFT 计算进一步证明，更强的氢键和静电相互作用提高了 Ca/Al LDH-G1 的螯合能力，与批量实验的发现一致。

近年来，碳纳米管（carbon nanotubes，CNTs）对 Eu(Ⅲ) 和 Am(Ⅲ) 的吸附已有研究报道，Wang 等采用静态法结合光谱分析以及理论计算研究了 Eu(Ⅲ) 和 Am(Ⅲ) 在 CNTs 的吸附，发现 CNTs 对于 Eu(Ⅲ) 的吸附明显强于对 Am(Ⅲ) 的吸附，这表明 CNTs 对 Eu(Ⅲ) 和 Am(Ⅲ) 可能存在着不同的反应机理（图 2-6），基于 DFT 的计算结果显示，Eu(Ⅲ) 与 CNTs 的键能要比 Am(Ⅲ) 与 CNTs 的键能高许多，说明 Eu(Ⅲ) 能与 CNTs 形成更稳定的官能团，解释了 Eu(Ⅲ) 和 Am(Ⅲ) 与 CNTs 上不同含氧官能团的作用机理。研究结果对 CNTs 在环境污染净化中富集、迁移、分离三价镧系元素和锕系元素的应用有着重要的指导意义。

显然，从实验/光谱/理论研究的组合获得的协同效应是一致的。因此强烈建议采用综合多种方法，深入了解铀等放射性核素在各种吸附剂表面的吸附过程，从而更可靠、准确地说明放射性核素的环境行为和吸附剂的吸附性能。

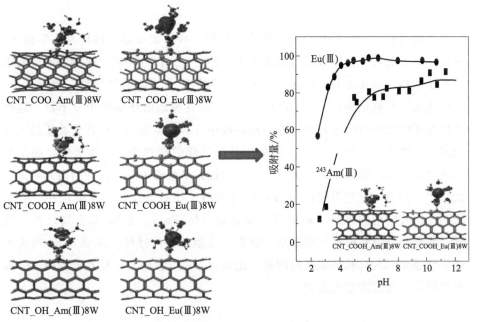

图 2-6   Eu(Ⅲ) 和 ^{243}Am(Ⅲ) 与碳纳米管的相互作用

第**3**章
无机纳米材料吸附放射性核素

无机材料具有力学性能好、热稳定性好、成本效益好、环境友好等特点，是最早开发的用于去除放射性元素的吸附剂之一。以铀为例，早期的研究侧重于黏土矿物（如高岭石、蒙脱石）和金属氧化物（例如钛氧化物、铝氧化物、铁氧化物、锰氧化物），它们在铀污染存在的各种地质环境中十分丰富。这些天然存在的无机材料是控制铀在自然系统中迁移、运输和最终转化物质的关键吸附剂。在描述这些体系时，对液-固界面的详细理解是至关重要的，因为相应的界面反应，如吸附、沉淀和还原，对铀在水系统中的迁移和归宿起着重要的作用。然而，这些系统的低吸附能力限制了控制铀迁移的实际应用。近年来，无机吸附剂的研究又拓展到了氮化碳（MXene）、金属/非金属及其氧化物、硫化物、层状材料和碳基纳米材料及其他功能化材料。其中 LDH 的离子交换性能和 MS 材料及碳材料的超高比表面积和可调谐孔径使其成为脱铀等放射性核素领域的潜在吸附剂。

3.1
碳基材料

在过去的几十年里，关于碳基材料的科学研究及生产非常活跃。由于表面上各种含氧官能团数量多，比表面积大，这些碳基材料在许多领域如生物燃料、电催化、多相催化以及环境修复等方面发挥着越来越重要的作用。其中 AC、MC、CNTs、GOs 等碳基材料是被研究的最常见材料之一，尤其是 CNTs 和 GOs。

3.1.1　碳纳米管（CNTs）

CNTs 是纳米结构碳家族中著名的成员，于 1991 年由 S. Iijima 首次发现并进行了深入研究。CNTs 可以被看作是圆柱形石墨片卷成管状结构，外径 4～30nm，长度可达 1mm。碳纳米管（CNTs），可分为单壁碳纳米管（SWC-NTs）和多壁碳纳米管（MWCNTs）两类，其不同之处是纳米管芯周围碳原子圆柱阵列的数目。碳纳米管通过卷曲石墨片形成空心圆柱体结构，其中碳原子与 sp^2 杂化键以及离域 π 键相互连接。这些键合特性使碳纳米管具有优异的机械、光电、热稳定性和化学性能等。这些特性取决于原子排列（如何"轧制"石墨片），纳米管的直径和长度以及形态或纳米结构，由于这些独特的物理化学性质，在各个领域引起了人们的广泛关注。例如在微电子学、催化剂和生物医学领域中的应用研究几乎呈指数增长。此外，CNTs 具有较高的比表面积、良好的酸碱稳定性以及独特的中空层状结构，这些都使其在环境污染处理领域具有独特的吸附剂前景。

最近几年，碳纳米管在多学科领域得到了普遍的关注和应用，特别是在环境介质中污染物修复方面表现出巨大的潜力。虽然碳纳米管由于其特殊的结构而表现出惊人的特性，但通过连接众多官能团的人工化学改性赋予了碳纳米管独特的性能，从而在研究和实践领域提供了优越的应用。一种常用的改性方法是在强酸性条件下回流碳纳米管，其中端口和缺陷位置中的碳原子从 sp^2 杂化转化为 sp^3 杂化，从而在 CNTs 表面引入活性含氧基团，如羧基或羟基。然后用共价键将具有预定功能的特定基团进一步接枝到碳纳米管上，通过引入疏水性和亲水性基团，CNTs 在有机和水溶剂中的溶解度明显提高。共价修饰通常破坏碳纳米管的完整结构，并对其物理化学性质产生一定的影响。由于碳纳米管上的高度离域和稳定的 π 键，含有 π 键的芳香族化合物很容易附着在碳纳米管表面，通过 π-π 耦合相互作用形成稳定的复合材料，为碳纳米管提供了一种无损改性方法。许多分子，如表面活性剂、天然化合物、聚合物、环糊精和生物大分子，都可以用作非共价改性剂。

为了达到特定的目的，在改性过程中采用了特殊的方法，如微波技术、伽马辐射和等离子体处理，借助这些方法可以提高改性效率。大多数化学改性是在水溶液中进行的，因此，伽马辐照下的改性涉及辐射化学的基本原理。其中，通过活性自由基进行辐射诱导接枝聚合是实现功能修饰的主要途径。随着 γ 辐照剂量的增加以及改性程度增加，碳纳米管上修饰基团的浓度改变了碳纳米管的水溶性和生物学行为。低温等离子体处理可以在相对温和的条件下激活和修饰碳纳米管，而不破坏碳纳米管的结构。所有这些方法都可以改进碳纳米管和接枝官能团在 CNT 表面的分散，有利于与放射性核素的结合。

3.1.1.1　吸附镧系元素

在核燃料循环过程中，放射性废料中通常含有多种镧系元素和锕系元素。Liang 等利用多壁碳纳米管（MWCNTs）吸附镧系元素（Eu、Gd、Ho、La、Sm、Tb、Yb），发现在 pH 3.0 以上吸附的镧系元素超过 95%，且各镧系元素间差异不大。Turanov 等报道，双（二辛基膦基甲基）膦酸修饰的碳纳米管对硝酸溶液中的镧系元素（La、Ce、Pr、Nd、Sm、Gd、Tb、Dy、Ho、Er、Tm、Yb、Lu 和 Y）具有较高的萃取能力。随着元素周期表中元素的原子序数的增加，镧系元素的萃取效率随着镧系元素原子序数的增加而降低。Gupta 等人将酰胺功能化的 MWCNTs 作为固相吸附剂去除三价镧系元素（La、Nd、Gd、Er 和 Lu）。分布系数（K_d）呈 $Lu^{3+} > La^{3+}$　$Gd^{3+} > Nd^{3+} > Er^{3+}$ 的趋势，这可能与水体交换机制和镧系元素水化数量的结合有关。通过对吸附等温线的分析，发现吸附过程是物理吸附和协同作用。三价镧系元素的吸附遵循 Freundlich 等温线模型，三价镧系元素对碳纳米管的吸附热在 $3.155 \sim 4.317 kJ/mol$ 之间。另一方面，根据 Dubinin-Radushkevich 等温线计算的平均自由能，发现吸附质-吸附剂相互作用是通过物理作用力产生的。Eu(Ⅲ) 对 CNTs 的吸附至少取决于相互作用时间，有两种途径：①在 CNTs 外表面的快速吸附；②在 CNTs 内通道的缓慢吸附。CNTs 内通道中的 Eu(Ⅲ) 难以解吸，而结合的 Eu(Ⅲ) 外表面在酸性溶液中容易解吸。表面络合机理与活性炭明显不同，活性炭与被吸附原子或分子的相互作用主要是范德华力作用。Chen 等发现，随着 pH 值的增加，CNTs/氧化铁磁性复合材料对 Eu(Ⅲ) 的吸附量增加，随着 Eu(Ⅲ) 初始浓度的增加而降低。聚丙烯酸（PAA）吸附在磁性复合材料表面显然没有受到 Eu(Ⅲ) 的影响，而在低 pH 值条件下，聚丙烯酸（PAA）的存在显著增强了 Eu(Ⅲ) 对 CNTs/氧化铁磁性复合材料的吸附。但在 pH=5 以上，由于形成不溶性 Eu-PAA 配合物，磁性复合材料对 Eu(Ⅲ) 的吸附受到限制。这些研究得出的结论是，根据修复目的的需要，CNTs 可以作为从大量水溶液中预浓缩和固化镧系和锕系元素的候选材料。

3.1.1.2　吸附锕系元素

锕系元素（包括 Th、U、Np、Pu、Am）在（改性）CNTs 上的吸附引起了广泛关注。

(1) 吸附铀和钍

近年来，碳纳米管对铀的去除研究主要集中在多壁碳纳米管及其功能化样品上，以提高对铀的吸附能力。2009 年，Schierz 等人报道了关于碳纳米管吸附铀的首次研究，将商业上可用的碳纳米管用浓缩的 HNO_3/H_2SO_4 处理，显著提高了碳纳米管的胶体稳定性，并增加了对 U(Ⅵ) 吸附能力。表面氧化后的 CNTs(CNTs-MOD42h) 的吸附能力在 pH 5.0 时达到约 45mg/g，比原始 CNTs 的吸附能力高出一个数量级（约为 4mg/g），这表明 CNTs 的表面氧化是一种提高铀吸附能力和化学亲和力的有效方法。

Fasfous 等研究了 U(Ⅵ) 在 CNTs 上的吸附，发现吸附过程遵循准二阶模型和 Langmuir 等温线模型。随着温度从 298K 升高到 318K，U(Ⅵ) 对 CNTs 的吸附能力从 24.9mg/g 增加到 39.1mg/g。根据 Sun 等人的研究，氧化后的 MWCNTs 对 U(Ⅵ) 的吸附作用强烈依赖于 pH 值和离子强度，这表明在酸性条件下，阳离子交换和/或球外表面络合作用占优势。在低 pH 值条件下，HA 和 FA 的存在可以增强对 U(Ⅵ) 的吸附，而在高 pH 值条件下则有抑制作用。在酸性条件下，氧化后的 MWCNTs 对 U(Ⅵ) 的吸附假设为离子交换/外球表面络合，在中性条件下形成沉淀。Schierz 等发现，经过酸处理后，CNTs 表面产生了新的官能团（主要是羧基），CNTs 的胶体稳定性也增加了，并且增强了对 U(Ⅵ) 的吸附能力。此外，为了提高 CNTs 对 U(Ⅵ) 的吸附性能，一些有机物被广泛用于修饰 CNTs，如羧甲基纤维素、双（二辛基膦基甲基）膦酸、偕胺肟。

等离子体表面改性技术也是一种实用的方法，它可以在不改变基底本体性能的情况下在材料表面提供大量的不同官能团。Shao 等人首先利用该技术将羧甲基纤维素（CMC）接枝到 MWCNT(MWCNT-g-CMC) 表面，并用所得到的复合材料从水溶液中去除铀。在相同的实验条件下，根据 Langmuir 模型计算得出的 UO_2^{2+} 的最大吸附容量为：粗 MWCNT 为 14mg/g，N_2 等离子体处理的 MWCNT 为 26mg/g，MWCNT-g-CMC 复合材料为 111mg/g。等离子体处理过程中，MWCNTs 表面引入了大量的官能团，如—NH_2，可以与 UO_2^{2+} 在 MWCNT-g-CMC 表面形成强配合物，显著增强了对 UO_2^{2+} 的吸附能力。此外，还通过血浆技术制备了偕胺肟接枝的 MWCNTs(AO-g-MWC-NTs)。发现在 pH 4.5 时，MWCNTs 对 U(Ⅵ) 的最大吸附量约为 145mg/g。根据 XPS 分析，UO_2^{2+} 在 AO-g-MWCNTs 上的吸附主要归因于与偕胺肟形成表面配合物，偕胺肟是 O 和 N 原子上的孤对双齿配体。另外，所制备的 AO-g-MWCNT 对各种离子（例如 Mn^{2+}、Co^{2+}、Ni^{2+}、Zn^{2+}、Sr^{2+}、Ba^{2+} 和 Cs^+）也显示出优异的选择性。

电子转移原子转移自由基聚合（ARGET ATRP）是另一种高效、良性的纳米材料表面修饰或功能化方法。受到这种方法的启发，Song 和同事合成了一种通用的 CNTs 基复合材料。他们首次报道了表面引发的 ARGET ATRP 和聚多巴胺（PDA）化学控制聚甲基丙烯酸缩水甘油酯（PGMA）刷碳纳米管。首先，在 CNTs 的表面上形成均匀的 PDA 涂层，然后引入 2-溴异丁酰溴（BiBB）分子，随后，通过 ARGET ATRP 技术形成 PGMA 官能化的 CNTs（CNTs-PDA-PGMA），然后再将 CNTs-PDA-PGMA 用乙二胺（EDA）配体接枝，最后得到产物（CNTs-PDA-PGMA-EDA），合成路线如图 3-1 所示。在 301K 下以 0.25g/L 的相比和在 pH 5.0 进行 24h 接触时间进行吸附研究。原始 CNTs、CNTs-PDA、CNTs-PDA-PGMA 和 CNTs-PDA-PGMA-EDA 对 U（Ⅵ）去除率分别为 6.4%、31.3%、37.4%和 93.9%。CNTs-PDA-PGMA-EDA 的吸附量达到 192.9mg/g，几乎比原始 CNTs 高 15 倍，并且比所有上述功能化 CNTs 高得多。吸附的 EDA 分子中大量的伯胺配体，开环反应中产生的羟基，以及胺和羟基的引入，都归因于 UO_2^{2+} 的去除，因为它们与 UO_2^{2+} 表现出很强的配位性。

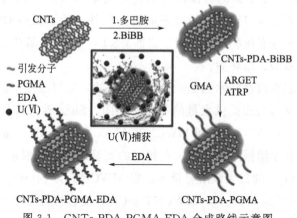

图 3-1　CNTs-PDA-PGMA-EDA 合成路线示意图

一些基于 CNTs 基的磁性复合材料也被制备，它们很容易被磁体从水溶液中分离出来。例如，Tan 和 Liu 等通过水热法分别制备了钴铁氧体/多壁碳纳米管（$CoFe_2O_4$/MWCNTs）磁性杂化剂和新型棒状双壳结构的聚吡咯/钴铁氧体/多壁碳纳米管（PPy/$CoFe_2O_4$/MWCNTs）吸附剂。研究表明，两种磁性吸附剂的吸附过程对 pH 值有很大的依赖性。$CoFe_2O_4$/MWCNTs 在 pH 值为 6.0 时获得最大吸附量（212.7mg/g），而 PPy/$CoFe_2O_4$/MWCNTs 在 pH 7.0 时获得最大吸附量（148.8mg/g）。两种复合材料对铀的吸附符合 Langmuir 等温线模型，并在动力学上实现了粒子群优化模型。此外，干扰离子（如 Ca^{2+}、Na^+、K^+、Mg^{2+}）的存在对 $CoFe_2O_4$/MWCNTs 和 PPy/ $CoFe_2O_4$/MWCNTs 去除 UO_2^{2+} 的影响并不明显，这对于核工业废水中铀的选择性分离具有重要意义。其他 CNTs 基材料如 PVA/MWCNTs、AgOH-NPs-MWCNTs、CNT-TBP、CNT-DHA 等也被应用于通过添加不同官能团从水溶液中吸附铀。

强的表面络合和/或化学吸附是铀吸附的主要机理。然而，作为一种实际的约束，CNTs 目前的成本限制了它们的大规模应用。表 3-1 总结了 CNTs 基材料从水溶液中去除铀的性能。

表 3-1　碳纳米管基材料对铀的吸附性能

吸附剂	pH	温度/K	吸附容量/(mg/g)	平衡时间	选择性	动力学模型	等温线模型
MWCNTs	5	298	24.9	1h	—	PSO	Langmuir
改性的 CNT CNT-MOD4	5	—	57.51	2h			
MWCNT-g-CMC	5	293	111.86	—	—		Langmuir
MWCNT-g-CS	5	293	39.2				Langmuir
Oxidized MWCNTs	5	298	33	4h			
CNT-DHA	—	298	32	1h	与各种阳离子共存	PSO	Langmuir
氧化 MWCNTs	6.5	298	43.32	3h			Langmuir
P-MWCNTs	5.6	303	66.16	6.5h	与 Li^+、Na^+、K^+共存	PSO	Langmuir
MWCNT-CS	5	293	41		—		Langmuir
CNT-TBP	5	298	166.6	3h		PSO	Langmuir
CNT 复合材料 AO-g-MWCNTs	4.5	298	145	1h	与 Mn^{2+}、Co^{2+}、Ni^{2+}、Zn^{2+}、Sr^{2+}、Ba^{2+}、Cs^+	PSO	Langmuir
GO-CNTs	5	298	100	9h		PSO	Langmuir
PPy/$CoFe_2O_4$/MWCNTs	7	298	148.8	6h	与 Na^+、K^+、Mg^{2+}	PSO	Langmuir
AgOH-NPs-MWCNTs	7	298	140	10min	—	PSO/IPD	Freundlich
PVA/CNTs/SDS/E	3	298	232.55	—			Langmuir
$CoFe_2O_4$/MWCNTs	6	298	212.7	6h	与 Ca^{2+}、Na^+、K^+、Mg^{2+}	PSO	Langmuir
CNTs-PDA-PGMAEDA	5	301	192.9	—			

研究发现氧化后的 MWCNTs 对 Th(Ⅳ) 的吸附是一个可逆吸热过程,吸附过程强烈依赖于溶液的 pH 值。Sengupta 等人估计了 Th(Ⅳ) 对酰胺修饰的碳纳米管 (CNTs-DHA) 的吸附。结果表明:CNTs-DHA 的吸附过程为单层覆盖,对 Th^{4+} 的吸附量为 47mg/g,吸附过程遵循朗格缪尔等温线,吸附动力学遵循准二级反应,速率常数为 0.095g/(mg·min)。此外,所制备的 CNTs-DHA 具有极高的辐射溶解稳定性,暴露量可达 1000kGy。同时发现,用双 (二辛基膦基甲基) 膦酸对 CNTs 进行改性后,CNTs 可以有效地从硝酸溶液中预浓缩 Th(Ⅳ)。Deb 等结合密度泛函理论评估了 Th^{4+} 对原始 CNTs、氧化碳纳米管 (CNTs-COOH) 和二糖胺酸功能化碳纳米管 (CNTs-DGA) 的吸附自由能。对 Th(Ⅳ) 的吸附能力遵循 CNTs-COOH>CNT-DGA>原始 CNTs 的顺序,与实验获得的 Th(Ⅳ) 吸附能力趋势相似。

(2) 吸附其他锕系元素

镎酰离子 (NpO_2^+) 由于其稳定的五价氧化态,是环境中最稳定的物种,并且镎在环境中比其他超铀元素更具流动性。Np(Ⅴ) 吸附在聚 (氨基胺) 树枝状聚合物和氨基胺功能化的碳纳米管上是化学吸附,这些吸附剂的辐射性能稳定。吸附动力学符合准二阶动力学和 Langmuir 等温线模型。除 NpO_2^+ 外,人们还研究了酰基胺功能化的 CNTs 对 NpO_2^{2+} 的吸附,酰基胺和所有的硝酸阴离子以双齿模式与镎酰离子中心配位,分别形成 NpO_2^+ 和 NpO_2^{2+} 的六配位和八配位络合物。理论计算出 NpO_2^{2+} 的吸附能 ΔG 高于 NpO_2^+ 的吸附能,与实验结果一致,相对于 NpO_2^+,NpO_2^{2+} 的吸附能力更高。钚是乏燃料中的重要成分。它的半衰期很长,引起了极大的环境关注。由于钚在不同环境条件下同时存在不同的氧化态 (Ⅲ、Ⅳ、Ⅴ、Ⅵ),所以钚的化学过程非常复杂。在 Zakharchenko 等人的研究中,通过二苯基 (二丁基氨基甲酰基甲基) 氧化膦 (CMPO) 和三-n-辛基氧化膦 (TOPO) 修饰 TCNTs,可以从 3mol/L HNO_3 中去除 95% 的 Pu(Ⅳ)。Kumar 等证明,聚 (氨基胺) 树枝状高分子功能化的碳纳米管可作为去除放射性废液中 Pu^{4+} 的有效吸附剂,其 Langmuir 等温线与吸附数据吻合较好,吸附量为 90mg/g。但在有氧条件下,Pu(Ⅴ) 和 Pu(Ⅵ) 以 PuO_2^+ 和 PuO_2^{2+} 的形式存在于溶液中,其溶解性远远大于 Pu(Ⅳ) 和 Pu(Ⅲ)。Perevalov 等研究了 Pu(Ⅳ)、聚合物 Pu(Ⅳ)、Pu(Ⅴ) 和 Pu(Ⅵ) 对 CNTs 的吸附,发现聚合物 Pu(Ⅳ) 吸附率最高,而对钚水合离子的吸附率依次为 Pu(Ⅵ)>Pu(Ⅳ)>Pu(Ⅴ)。离子钚的吸附对 pH 值有很强的依赖性,而 99% 的聚合物钚可以在较宽的 pH 值范围 (pH 3~7) 被吸附。钚水合离子在 CNTs 上的吸附是化学吸附，而聚合物钚的吸附是通过分子间相互作用进行的。

^{243}Am（Ⅲ）由于其在乏燃料和其他三价锕系元素上的重要性而受到广泛关注。Wang 等在 0.1mol/L NaClO$_4$ 溶液中对 MWCNTs 进行了^{243}Am（Ⅲ）的吸附，发现 Am（Ⅲ）的吸附对 pH 依赖性强，而对离子强度依赖性弱。结果表明，^{243}Am（Ⅲ）在 MWCNTs 上的吸附作用主要是化学吸附或化学络合作用。通常使用 Eu（Ⅲ）作为类比来理解研究 Am（Ⅲ）和 Cm（Ⅲ）的行为。但是，已经毫无疑问地确定，在二糖胺酸功能化的 CNTs（CNTs-DGA）和 CNTs 上，优先提取的是 Eu^{3+} 而不是 Am^{3+}。根据密度泛函理论计算结果，他们发现 CNTs 上 Eu（Ⅲ）的结合能远高于 Am（Ⅲ），说明 Eu（Ⅲ）与 CNTs 的含氧官能团形成的配合物比 Am（Ⅲ）更强。这一发现提出了 CNTs 对 Eu（Ⅲ）和 Am（Ⅲ）的不同吸附机理，有助于对 Am（Ⅲ）等长寿命放射性核素的选择性预富集。

3.1.2 石墨烯氧化物（GOs）

石墨烯类纳米材料包括原始石墨烯、氧化石墨烯（GO）和还原氧化石墨烯（rGO），在环境修复领域具有潜在的应用前景。原始石墨烯［图 3-2(a)］是单原子厚度的 sp^2 杂化碳材料，理论表面积可达 2630m^2/g。由于其超疏水性，很难分散在水中去除污染物。

氧化石墨烯（GOs）作为石墨烯最重要的衍生物，是通过氧化剥脱石墨得到的［图 3-2(b)］。因其具有巨大的比表面积、较强的化学稳定性、丰富的含氧官能团（基面上的环氧和羟基基团，片材边缘的羰基和羧基基团）以及易于修饰等优点，在环境修复领域备受关注。虽然由于合成方案和氧化程度的不同所衍生出的非化学计量成分不同，GOs 的精确原子结构目前仍不确定，但有多种含氧官能团已被测定出来，如基体上的环氧和羟基，以及边缘上的羧基、羟基和羰基。这些含氧官能团的引入增加了 GOs 在水溶液中的分散性。因此，GOs 可以作为很有前途的吸附剂来去除水溶液中的放射性核素等环境污染物。

目前，改进的 Hummers 法被认为是制备氧化石墨烯的最常用方法。简单来说，将片状石墨和 NaNO$_3$ 加入浓缩 H$_2$SO$_4$ 中，然后在强搅拌条件下慢慢加入 KMnO$_4$。通过对上述混合物进行洗涤，然后在超声波条件下进行处理，得到了 GOs。氧化石墨烯还可通过还原过程（如化学、热、微波、闪光或微生物/细菌还原方法）转化为含有残余氧含量和碳空位的还原氧化石墨烯［图 3-2(c)］。

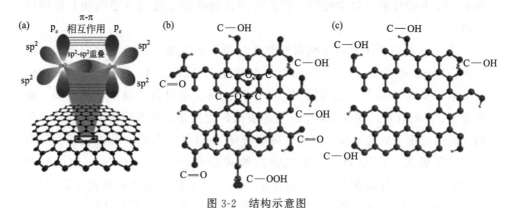

图 3-2 结构示意图

(a) 原始石墨烯；(b) 氧化石墨烯；(c) 还原氧化石墨烯

根据文献调查，目前还没有关于原始石墨烯吸附铀的研究。近年来，由于GOs 和 rGOs 具有较大的比表面积、丰富的官能团和富电子的环境，对它们及其改性形式除铀的研究有了非常大的发展。

尽管目前有许多关于氧化石墨烯的合成、性能和应用的综述，但关于氧化石墨烯去除放射性核素的综述仍然缺乏。本节主要讨论了通过批次实验、EX-AFS 光谱和 DFT 计算对 GOs 中 U(Ⅵ)、Th(Ⅳ)、Eu(Ⅲ)、Sr(Ⅱ) 和 Cs(Ⅰ) 去除的问题。

3.1.2.1 吸附铀

铀目前以两种氧化状态存在，如可溶解的 U(Ⅵ) 和可少量溶解的 U(Ⅳ)。在好氧环境下，U(Ⅵ) 存在于二价铀酰离子（UO_2^{2+}）中，在接近中性和高 pH 值条件下，有多种配合物，如氢氧铀酰和碳酸铀酰。因此，U(Ⅵ) 在地下环境中的迁移和转化最终受到不同环境条件下 U(Ⅵ) 形成的影响。最近，在不同的环境条件下，在氧化石墨烯中 U(Ⅵ) 去除得到了广泛的研究。Liu 等人发现，在 pH 值为 1～6 时，GOs 对 U(Ⅵ) 的去除明显增强，而在 pH 值＞8 时，对 U(Ⅵ) 的去除减弱［图 3-3(a)］。Hu 等进一步证明了 U(Ⅵ) 在 GOs 上的去除与离子强度无关，揭示了内球表面络合作用主导了 U(Ⅵ) 在 GOs 上的去除。Duster 等人利用漫反射层模型模拟了在 GOs 上去除 U(Ⅵ) 的过程，在较宽的 pH 值和离子强度范围内得到了与实验数据同样良好的拟合结果。理论计算是研究脱氢机理的重要内容。密度泛函理论（DFT）可以提供对能量上有利的原子构型的吸附能和键合距离的大量见解。Ai 等通过理论计算确定了［GO—COOH⋯UO₂］²⁺（12.10kcal/mol）的结合能，明显低于

[GO—COO⋯UO$_2$]$^+$（50.50kcal/mol），说明在高 pH 值条件下，氧化石墨烯对 U(Ⅵ) 的结合能更强 [图 3-3(b)]。[GO—COO⋯UO$_2$]$^+$（50.50kcal/mol）的结合能如此之高，说明 U(Ⅵ) 与 COOH 基团有很强的化学亲和力。

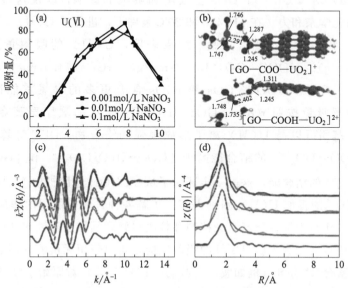

图 3-3 在 0.001mol/L、0.01mol/L 和 0.1mol/L NaNO$_3$ 溶液中，pH 对 OGO 吸附 U(Ⅵ) 的影响（a）；GO(—COOH)/铀酰在不同 pH 水平下的优化结构（b）；ThL$_{\overline{\mathrm{III}}}$ 边缘 k^3 加权 EXAFS 光谱（c）；所选吸附样品相应的傅里叶变换（d）

Wang 的团队在氧化石墨烯/氧化石墨烯基材料的研究方面做了大量有意义的工作。他们首先应用由石墨通过改良的 Hummers 方法制备的少层氧化石墨烯纳米薄片去除水溶液中的 U(Ⅵ)。在 pH＝5 以下吸附效果较差，但在 pH 7 时 U(Ⅵ) 吸附量增加到 99%，并在 pH 7 时保持较高水平。吸附过程强烈依赖于 pH 值，表明 U(Ⅵ) 通过内球表面络合吸附在 GO 纳米片上。根据 Langmuir 等温线模型计算，pH 值为 5 时最大吸附量为 97.5mg/g。随后，他们通过批量实验和理论计算进一步研究了 U(Ⅵ) 与 GOs 的相互作用。在 pH 4.5 和 20℃时，最大吸铀量可达 1330mg/g，当温度升至 60℃时，对铀的最大吸附量可达 1675mg/g。GOs 的高吸附能力归因于其丰富的含氧官能团（如 GOs 侧边的—COOH 基团和表面的—OH 基团），可与 U(Ⅵ) 离子形成较强的表面配合物。理论 DFT 计算进一步证明了 U(Ⅵ) 与 GOs 的强表面络合。在低 pH 值条件下，U(Ⅵ) 对 GOs 的吸附更像是弱的物理吸附/外球表面络合，而在高 pH 值条件下，U(Ⅵ) 对 GOs 的吸附主要是强的化学吸附/内球表面络合。

　　氧化石墨烯的含氧官能团被发现对铀的特异性吸引很重要。在这项工作的基础上，Sun 等人研究了各种含氧官能团（如 GOs 中的—OH、—COOH 和—O—基团）对 U（Ⅵ）在 GOs 上吸附和解吸的影响，以及这些官能团与 U（Ⅵ）的化学亲和力。在 pH 4.0 和 20℃条件下，进行了 U（Ⅵ）对 GOs、羧基化 GOs 和 rGOs 的吸附实验。结果表明，U（Ⅵ）的吸附量遵循 GOs（138.89mg/g）＞HOOC—GOs（103.09mg/g）＞rGOs（74.07mg/g）的顺序，这是因为 GOs 比 HOOC—GOs 和 rGOs 含有更多的含氧官能团。相反，U（Ⅵ）的解吸量按照 rGOs＞GOs＞HOOC—GOs 的顺序显著降低，表明—COOH 基团可以与 U（Ⅵ）离子形成很强的络合物。DFT 计算还证实了 $[GOs—COO\cdots UO_2]^{2+}$ 的结合能高于 $[GOs\cdots U(OH)O_2]^{2+}$ 和 $[GOs—OH\cdots U(OH)O_2]^{2+}$ 的结合能，这进一步证明了从—COOH 基团提取 U（Ⅵ）的难度比从—OH 基团提取 U（Ⅵ）困难得多。了解各种含氧官能团的作用，对于设计功能化氧化石墨烯在环境污染控制和核废料管理领域去除铀或其他放射性核素具有重要意义。为了获得更好的吸附性能，可以使用无机酸（例如磷酸和硫酸等）或螯合/络合剂（例如胺、偕胺肟、EDTA 等）对原始 GO 进行功能化改性。例如，通过 Arbuzov 反应将亚磷酸三乙酯接枝到氧化石墨烯表面。得到了磷酸盐功能化的氧化石墨烯（PGO），并用于选择性地吸附酸性溶液中的铀。改变 pH、温度、吸附剂含量进行实验，发现在 pH 值为 4 和 30℃下，氧化石墨烯的最大吸附容量为 251.7mg/g，几乎是相同实验条件下原始氧化石墨烯（138.2mg/g）的 2 倍。磷相关官能团可以与 U（Ⅵ）形成强络合，PGOs 表面丰富的亲水含氧官能团为进一步与 U（Ⅵ）结合提供了有效的活性位点，从而增强了对 U（Ⅵ）的吸附能力。

　　功能化 GO 用作吸附剂从水溶液中去除铀的另一个例子是偕胺肟基功能化氧化石墨烯纳米带（AOGONRs）。研究发现 U（Ⅵ）在 AOGONRs 上的吸附在 20min 内达到了吸附平衡，这是由于 U（Ⅵ）与 AOGONRs 的化学表面络合作用较强所致。由于存在螯合基团（如含氮和含氧基团），AOGONRs 的铀去除率远高于原始 GONRs，最大去除率为 502.6mg/g。此外，模拟核工业废水中 U（Ⅵ）与其他 11 种主要敏感核素（包括 Sm、Gd、Nd、La、Ce、Zn、Ni、Co、Ba、Mn 和 Sr）的竞争性吸附显示出对 U（Ⅵ）具有显著的选择性，其 K_d 值接近 6×10^4 mL/g。最近，乙二胺四乙酸（EDTA）与 Fe_3O_4/氧化石墨烯结合制备了一种可再生磁性配体材料（EDTA-mgo）。吸附实验在 pH 2.0～7.0 范围内进行，pH 5.5 时最大吸附量为 277.43mg/g，比 mGO 高 2～3 倍。

EDTA 基团与—OH 和—COOH 基团的复合物的形成以及静电相互作用促进
了 U(Ⅵ) 在 EDTA-mGOs 上的吸附。

除氧化石墨烯功能化外，氧化石墨烯基复合材料对铀有协同吸附作用。氧
化石墨烯与其他功能材料的结合可以提高其吸附效率，并开发出新的性能。这
些材料包括无机材料（如 Fe_3O_4、SiO_2、MnO_2、高岭土、海泡石等）和聚合
物（如壳聚糖、聚苯胺、聚多巴胺、聚吡咯、聚丙烯酰胺等）。无机材料和
GO 的复合材料的第一个实例是装饰有二氧化锰的 GO（GOM）。通过沉淀法
将结晶 α-MnO_2/γ-MnO_2 固着在 GO 表面，制备出 α-GOM_2 和 γ-GOM_2
（GO/MnO_2 的重量比为 2），如图 3-4 所示。并作为吸附剂分别和同时从水溶
液中去除铀/钍。从晶体形态看，α-GOM_2 对 U(Ⅵ)/Th(Ⅳ) 的吸附能力高于
α-MnO_2、γ-MnO_2 和 γ-GOM_2。随后，详细研究了 U(Ⅵ)/Th(Ⅳ) 在
α-GOM2 上的吸附。首先，在 2.0~3.8 范围内根据 pH 值进行吸附。毫不奇
怪，U 和 Th 的吸附与 pH 有关，即 α-GOM2 对 U(Ⅵ) 和 Th(Ⅳ) 的吸附随
pH 值的增加而增加，在 pH 3.8 时最大吸收量分别为 77.7mg/g 和 163.1mg/g。
在二元 Th(Ⅳ)-U(Ⅵ) 系统中，观察到在 Th(Ⅳ) 存在下对 U(Ⅵ) 吸附的抑
制作用更大，尤其是在较高 Th(Ⅳ) 浓度下，这表明 α-GOM2 对 Th(Ⅳ) 的
亲和力更高。在聚丙烯酰胺（PAM）接枝的 GO（PAM/GO）上同时吸附
U(Ⅵ)，Eu(Ⅲ) 和 Co(Ⅱ) 也获得了相似的结果，并讨论了可能的吸附机理。
基于 FT-IR、XRD 和 XPS 分析，提出吸附过程可能涉及 U(Ⅵ)/Th(Ⅳ) 和 α-
GOM2 的含氧基团之间的配位、静电相互作用、阳离子-π 相互作用和路易斯
酸碱作用四种分子相互作用。

磁性氧化石墨烯复合材料也被报道用于铀的去除。例如，Zong 和同事用
天然片状石墨合成了磁性石墨烯/氧化铁复合材料（Fe_3O_4/GO），并应用于脱
铀。在 2.0~12.0 范围内评价 pH 值的影响，pH 值 7 时达到最大吸附。在 pH
5.5 于 293K、318K 和 343K 下绘制吸附等温线，当与 Langmuir 模型拟合时，
其吸附容量分别为 69.49mg/g、94.72mg/g 和 105.19mg/g。合成了氧化铁含
量为 0%、20%、40%、60%、80% 和 100% 的 Fe_3O_4/GO 复合材料，考察氧
化铁含量对铀的吸附作用。结果表明，随着氧化铁含量的增加，氧化铁/氧化
石墨烯的吸附能力降低。原始氧化石墨烯的吸附能力高于所有 Fe_3O_4/氧化石
墨烯复合物。磁性吸附剂材料具有良好而有效的固液分离性能，因此有必要对
吸附剂进行合理的设计。

将各种聚合物（例如聚苯胺、聚多巴胺、聚吡咯、聚丙烯酰胺和壳聚糖）
掺入 GO 中以形成一种新的功能复合材料。Shao 等通过在氧化石墨烯表面聚

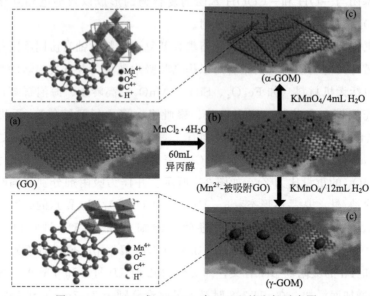

图 3-4　α-MnO$_2$ 或 γ-MnO$_2$ 在 GO 上的生长示意图

(a) GO；(b) Mn^{2+} 吸附氧化石墨烯；(c) 氧化还原反应在 GO 上原位生成 MnO$_2$

合不同数量的苯胺单体制备了 PANI/氧化石墨烯复合材料。采用 PANI∶GO
重量比为 0.25∶1、0.5∶1、1∶1 和 2∶1 的一系列材料从水溶液中去除铀。
当 PANI∶GO 重量比为 1∶1 时，铀的吸附容量最高为 1960mg/g，但在
0.25∶1、0.5∶1 和 2∶1 时其吸附性能基本一致。如此高的吸附能力归因于
—COOH 基团在 PANI/GO 表面上提供的活性位点，以及氨基与 U(Ⅵ) 之间
通过静电相互作用和氢键进行配位。作者还指出，即使 Na$^+$、K$^+$、Ca^{2+} 和
Mg^{2+} 的浓度大大过量，PANI∶GO 重量比为 1∶1 的复合材料仍具有很高的
U(Ⅵ) 吸附能力（摩尔比为 UO$_2^{2+}$ 的 43570 倍），表明 PANI/GO 复合材料对
U(Ⅵ) 具有极好的选择性。

　　Huang 等人制备了氧化石墨烯-壳聚糖气凝胶（GO-CS），并利用其消除
U(Ⅵ)，以及在 pH 2.0～11.0 的范围内评价其影响。发现在 pH 值 2.0～3.0
范围内去除率急剧上升，在 pH 值 3.0～8.0 范围内去除率几乎保持 100%，在
pH 值更高时去除率逐渐下降。在初始铀浓度为 300mg/L 时，绘制 pH 3.5、
5.0 和 8.3 的吸附等温线，发现在 pH 3.5、5.0 和 8.3 时，最大吸附量分别为
200mg/g、319.9mg/g 和 384.6mg/g。有趣的是，作者注意到，在 pH 值为
3.5 和 5.0 时，U(Ⅵ) 的吸附完全符合 Freundlich 等温线模型（$R^2 = 0.93$），
而在 pH 值为 8.3 时，Langmuir 模型（$R^2 = 0.96$）可以很好地拟合 U(Ⅵ) 的

吸附。偏离 Langmuir 函数的原因可能是具有不同类型吸附位点的 GO-CS 表面不均匀。良好的 Freundlich 拟合结果表明，GO-CS 的所有—COO、—OH 和—NH$_2$ 基团均在弱酸性 pH 值下参与 U(Ⅵ) 吸附，而与 Langmuir 等温线模型的良好拟合可能表明 CS 的—OH 和—NH$_2$ 基团主要是在 pH 8.3 下去除 U(Ⅵ)。XPS 和 EXAFS 分析进一步证实了这一点。

不久之后，一种磷酸化 GO-CS 复合物（GO-CS-P）被开发出来，用于从水溶液中去除铀。如图 3-5 所示，考察了不同接触时间、pH 值和 U(Ⅵ) 浓度下 GO、GO-CS 和 GO-CS-P 对 U(Ⅵ) 的去除性能。结果表明吸附量随 pH 值的增加而增加，在 pH 6.5 时吸附量最大，pH>6.5 时吸附量急剧下降；而在 pH 值为 5 时的动力学研究表明，所有材料的吸附平衡发生在 15min 的极短接触时间内。三种吸附剂对 U(Ⅵ) 的最大吸附能力依次降低：即 GO-CS-P（779.44mg/g）>GO（573.91mg/g）>GO-CS（346.16mg/g）。容量的变化趋势与官能团的覆盖率有关。值得一提的是，在实际应用条件下，GO-CS 复合物的 U(Ⅵ) 去除能力远低于原始 GO。作者指出，GO 与 CS 通过酰胺化交联会大量消耗活性羧基位点，从而导致 GO-CS 复合材料捕获 U(Ⅵ) 的能力降低。此外，FTIR、XAS 和 XPS 分析表明，GO-CS-P 复合材料中 U(Ⅵ) 的高效去除主要受 U(Ⅵ) 离子与膦酸盐基团的球内表面络合控制，并对表面还原贡献较小，这也导致了存在多种竞争金属离子时对 U(Ⅵ) 的出色选择性。还研究了一系列基于 rGO 的材料从水溶液中去除铀的方法。Tan 和他的同事通过原位生长（热还原）方法制备了一种新颖的分层三维复合材料，其中将 NiAl-LDH 纳米片材引入了石墨烯片材（rGO/LDH）中。在 pH 4.0、289K 条件下，最大吸附量为 277.80mg/g。在初始铀浓度为 130mg/L 和 pH 4.0 时观察其吸附动力学。铀的吸附量在 2h 左右达到最大值，此后吸附量几乎没有进一步增加。此外，铀（Ⅵ）的吸附量随温度升高而增大，说明了该过程的吸热本质。不久之后，同一小组研制出了一种磁性 CoFe$_2$O$_4$-rGO 复合材料，用于从水溶液中去除铀。通过改变 pH、温度、吸附剂含量进行实验，在 pH 6.0、298K 条件下，通过快速磁分离得到最大吸附容量为 227.2mg/g。Langmuir 方程很好地拟合了吸附等温线，并且可以使用 PSO 方程有效地描述动力学数据。该小组还通过一种简便的途径成功合成了二氧化锰-氧化铁还原的氧化石墨磁性复合材料（MnO$_2$-Fe$_3$O$_4$-rGO）。当与含铀溶液接触时，最佳操作条件为 pH 6.0，初始铀浓度为 120mg/L，接触时间为 6h。分别在 pH 6、293K、308K、318K 和 328K 下进行吸附等温线计算，用 Langmuir 模型拟合后，最大吸附量分别为 95.24mg/g、103.1mg/g、105.2mg/g 和 108.7mg/g。用盐酸溶液洗脱铀后，该吸附剂在四次循环过程中吸附效率略有下降，表明该吸附剂具有良好的重复使用性能。但是，这三篇论文均未证明其明确的吸附机理，还需要进一步的表征研究。基于 rGO 的复合材料的其他例子包括 nZVI/rGO、M-rGO、NiCo$_2$O$_4$@rGO-rGO 和 rGONF 也可以从水溶液中去除 U(Ⅵ)。表 3-2 总结了 GO 基材料从水溶液中去除铀的性能。

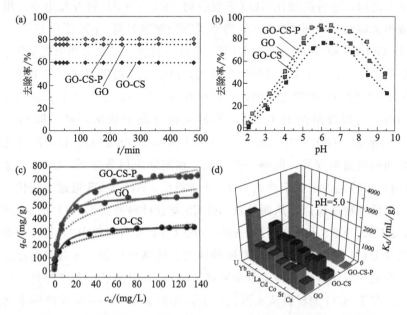

图 3-5　各种条件下 U(Ⅵ) 在 GO、GO-CS 和 GO-CS-P 上的吸附

$T=293K$，$m/V=0.05g/L$，$I=0.01mol/L$ NaNO$_3$

(a) 吸附动力学，pH=5.0，$c_0=5.0\times10^{-5}$mol/L；(b) pH 的影响，$c_0=5.0\times10^{-5}$mol/L；

(c) 吸附等温线，pH=5.0，实线和虚线分别表示 Langmuir 模型和 Freundlich 模型拟合；

(d) GO、GO-CS 和 GO-CS-P 的选择性

表 3-2　氧化石墨烯 (GO) 基材料对铀的吸附性能

吸附剂	pH	温度 /K	吸附容量 /(mg/g)	平衡时间	选择性	动力学 模型	等温线 模型
Pristine GO GOs	5.2	293	79.73	—		—	Langmuir
GOs	4	293	138.89				Langmuir
GOs GO	4.5	293	1330				Langmuir
	3.45	298	94.25	—	与 Li$^+$、Na$^+$、K$^+$、Cl$^-$、NO$_3^-$、ClO$_4^-$ 共存	PSO	Langmuir
GO	4	293	76.92	3h	—	PSO	Langmuir

吸附剂	pH	温度/K	吸附容量/(mg/g)	平衡时间	选择性	动力学模型	等温线模型
GO	4	RT	299	1h	—	—	Langmuir
GO	4	303	208.33	30min	—	PSO	Langmuir
GO	5	293	97.5	—	—	—	Langmuir
GO	5	303	433.16	30min	—	—	Langmuir
Modified GO HOOC-GOs	4	293	103.09				Langmuir
CD/GO	5	288	97.3	—	—	—	Langmuir
sulfonated GO	2	293	45.05	3h	—	PSO	Langmuir
EDTA-mGO	5.5	298	277.43	100min	—	PSO	Langmuir
PGO	4	303	251.7	—	—	PSO	Langmuir
NH_3-GO	6	298	80.13	3h	与各种离子共存	PSO	Langmuir
AOGONRs	4.5	298	502.6	20min	与各种离子共存	PSO	Langmuir
MA-GH	6	298	404.85	2h	与各种离子共存	PSO	Langmuir
GO-NH_2	5.5	298	215.2	4h	—	PSO	Langmuir
GO Composite GO@LDH	4.5	298	159.7	6h	—	PSO	Langmuir
GO-Ch	4	303	225.78	2h	—	PSO	Langmuir
GO-CS	8.3	RT	384.62	—	与各种阳离子共存	PSO	Langmuir
GO-CS-P	5	293	779.44	15min	与各种阳离子共存	—	Langmuir
α-GOM_2	3.8	298	185.2	3min	与 Na^+、K^+、Ca^{2+}、Al^{3+} 共存	—	Langmuir
FG-20	6	RT	455	1h	—	PSO	Langmuir
Fe_3O_4/GO	5.5	293	69.49	6h	与 K^+、Ca^{2+}、Mg^{2+} 共存	PSO	Langmuir
PANI/GO	5	293	1960	—	与 K^+、Ca^{2+}、Mg^{2+} 共存	—	Langmuir
CB[6]/GO/Fe_3O_4	5	298	66.81	2.5h	—	—	Langmuir
M-GO	4.5	303	179	2h	—	—	Langmuir
GO-BSA	6	298	389	80min	与各种阳离子共存	PSO	Langmuir
GO-ACF	5.5	298	298	30min	—	—	Langmuir
AOMGO	5	298	284.89	2h	与各离子共存	PSO	Langmuir
PAM/GO	5	295	166.12	6h	—	PSO	Langmuir

吸附剂	pH	温度/K	吸附容量/(mg/g)	平衡时间	选择性	动力学模型	等温线模型
HNT@GO	5.6	298	75.92	4h		PSO	Langmuir
PAS-GO	5.5	298	310.63	30min	—	PSO	Langmuir
GO/PPy	5	298	147.1	10h	与 Co^{2+}、Ni^{2+}、Cd^{2+}、Sr^{2+}、Zn^{2+} 共存	PSO	Langmuir
GO/SiO$_2$-IIP	4	298	17.89	7min	与各种阳离子共存	PSO	Langmuir
PANI@GO	3	298	245.14	—	—	—	Langmuir
AMGO AGH	5.9	298	141.2	100min		PSO	Langmuir
	6	298	398.41	—	与 Mg^{2+}、Ca^{2+}、Ba^{2+}、Sr^{2+} 共存	PSO	Langmuir
PD/GO	4	293	145.39	2h	—	PSO	Langmuir
HO-CB[6]/GO	5	298	301.6	20min	—		Langmuir
rGO rGOs	4	293	74.07				Langmuir
rGO/LDH	4	298	277.8	2h		PSO	Langmuir
rGONF	3.5	293	200	3h		PSO	Langmuir
CARGO-1	5	298	337.93	1h	与各种离子共存	PSO	Langmuir
M10-rGO	4.5	303	97	1h	—		Langmuir
NiCo$_2$O$_4$@rGO	5	298	333.3	9h		PSO	Langmuir
MnO$_2$-Fe$_3$O$_4$-rGO	6	298	95.24	6h		PSO	Langmuir
nZVI/rGO	5	298	—	—	—	PSO	Freundlich
CoFe$_2$O$_4$-rGO	6	298	227.2	3h	—	PSO	Langmuir

3.1.2.2 吸附钍

Th(Ⅳ) 被认为是其他四价锕系元素的化学类似物。Th(Ⅵ) 一般在 pH>4.0、浓度大于 10^{-8} mol/L 时，产生 $Th(OH)_4$ 沉淀。最近，人们广泛研究了在不同条件下去除 GOs 上的 Th(Ⅳ) 的方法。白（Bai）等发现 Th(Ⅳ) 在 GOs 上的平衡时间仅为 10min。Jiang 等人也发现，与 U(Ⅵ) 相比，GOs 对 Th(Ⅳ) 表现出更大的选择性。硫酸根强烈影响 GOs 对 Th(Ⅳ)/U(Ⅵ) 的分离。这些研究表明，在低 pH 值下，球内表面络合作用主导了 Th(Ⅳ) 的去除。利用 EXAFS 技术可以区分出球内外表面络合作用与表面共沉淀作用的差异。EXAFS 结果 [图 3-3(c)，图 3-3(d)] 表明，Th(Ⅳ) 与 8~9

个氧原子成键，第一个配位壳层中 Th—O 的平均键长约为 2.45Å。Th—C 壳层的存在表明 GO 去除了 Th(Ⅳ) 的内球表面复合物。

3.1.2.3 吸附铕

Song 等研究发现，Eu(Ⅲ) 去除率随着 pH 值从 2.0 增加到 9.0 而增加，在 pH 值为 $10.0 \sim 11.0$ 时，Eu(Ⅲ) 在 GOs 上的去除率保持在较高水平。在 pH 值 6.5 时，Eu(Ⅲ) 对 GOs 的最大吸附量约为 175mg/g。在这些研究中，证明了 Eu(Ⅲ) 在 GOs 上的去除与离子强度无关，表明球内表面络合作用主导了 Eu(Ⅲ) 在 GOs 上的去除。EXAFS 和表面络合模型进一步提供了证据。Sun 等利用 EXAFS 分析发现了 Eu-C 壳层的存在，表明在 GOs 上形成了 Eu(Ⅲ) 的球内表面络合物。表面络合建模作为一种强有力的工具被用来预测不同条件下的去除行为。双扩散层模型（DDLM）可以令人满意地拟合氧化石墨烯去除 Eu(Ⅲ)，氧化石墨烯表面近似使用羧基［—COOH］和醛硫［—SOH］位点，这些位点基于 pK_a 4 和 -1.7 进行脱质子。Xie 等人证明，通过使用两种内球表面络合物（如低 pH 值下的 $\equiv SO_3 Eu^{2+}$ 和高 pH 值下的 $\equiv COOEu^{2+}$ 物种）进行表面络合模拟，可以令人满意地拟合 GOs 上的 Eu(Ⅲ) 去除。

3.1.2.4 吸附锶

锶（^{90}Sr，$t_{1/2}=28.79a$）是核废料后处理工厂中最普遍存在的放射性核素，是能源部设施地下水中第三种最常见的放射性核素。^{90}Sr 较 ^{239}Pu、^{137}Cs、^{241}Am 等其他放射性核素更易从污染土壤中解吸，迁移速度较快。由于锶(Ⅱ) 会与骨骼结构结合，人体过量摄入放射性锶会导致多种癌症。最近，在不同的环境条件下，对 GOs 上 Sr(Ⅱ) 的去除进行了广泛的研究。Romanchuk 等人经计算还发现，GOs 对 Sr(Ⅱ) 的最大去除能力为 26.90mg/g。理论计算表明，in-Sr$(H_2O)_9$ 和 ex-Sr$(H_2O)_9$ 与 GOs 的结合能分别为 16.44kcal/mol 和 19.50kcal/mol。Yang 等人通过 DFT 计算也发现 Sr(Ⅱ) 更倾向于与 GOs 的 COH 和 COC 基团相互作用。DFT 计算结果表明 Sr(Ⅱ) 在 GOs 上存在内球表面络合现象。

Guo 等人采用氧化石墨烯（GO）和层状双氢氧化物（LDHs）制备海藻酸微珠，去除 $^{90}Sr^{2+}$ 和 $^{79}SeO_4^{2-}$。吸附实验表明，Sr^{2+} 的吸附是由氧化石墨烯官能团相互作用引起的。相比之下，$^{79}SeO_4^{2-}$ 的吸附遵循 Langmuir 单层吸附等温线模型，表明 $^{79}SeO_4^{2-}$ 的吸附仅通过 LDHs 的离子交换发生。此外，我们还观察到海藻酸微球对 Sr^{2+} 的吸附量显著增加，这是氧化石墨烯和海藻酸官能团共同作用的结果。根据氧化石墨烯的性质，证明了这种层状材料在制备过程中出现了部分剥落，从而增加了吸附位点。这种珠状结构不仅改善了粉末状 GO 和 LDHs 的处理和溶解性能，而且提高了对 Sr^{2+} 的吸附量，防止了 GO 的再分层。结果表明，LDH/GO 微珠是一种能同时去除阴、阳离子放射性替代物的多功能材料。在水和土壤去除 Sr^{2+} 和 SeO_4^{2-} 的应用中对环境修复有显著影响。

3.1.2.5　吸附铯

Cs（Ⅰ）是一种挥发性元素，可以释放到大气中。^{137}Cs（$t_{1/2} = 30.17a$）和 ^{134}Cs（$t_{1/2} = 2.07a$）是福岛核事故后释放的主要放射性污染物。例如，2013 年 9 月，在从福岛第一核电站收集的海水样本中，^{137}Cs 和 ^{134}Cs 分别约为 $124Bq/m^3$ 和 $54Bq/m^3$。最近，关于 GOs 去除 Cs（Ⅰ）的相关研究也开展了。研究表明，GOs 对 Cs（Ⅰ）的去除率随着离子强度的降低而增加。Tan 等证明准二级动力学模型和 Langmuir 模型分别可以很好地拟合 GOs 上 Cs（Ⅰ）的去除动力学和等温线。基于表面络合模型，作者证明了在 pH＜4.0 和 pH＞5.0 时，GOs 的 Cs（Ⅰ）去除分别为外球表面和内球表面络合。EXAFS 分析可以进一步证明 Cs 的外球表面和内球表面络合作用。一般来说，Cs-O 壳层较短的键距是典型的水合 Cs（Ⅰ）离子，属于外球表面络合，而较长的 Cs-O 键属于内球表面络合。

孙（Sun）等首先报道了 GO 支撑的聚苯胺（PANI @ GO）复合材料在水溶液中吸附 U（Ⅵ）、Eu（Ⅲ）、Sr（Ⅱ）和 Cs（Ⅰ）的实例。在 pH3.0、293K 时，吸附剂对 U（Ⅵ）的最大吸收量为 245.14mg/g，同时对 Eu（Ⅲ）、Sr（Ⅱ）和 Cs（Ⅰ）均表现出较高的吸附，分别为 250.74mg/g、147.2mg/g 和 184.73mg/g。

这些观察结果表明，氧化石墨烯具有巨大的表面积、丰富的含氧官能团和良好的相容性，对各种放射性核素具有高效的去除能力。氧化石墨烯具有优良的物理化学性质和结构特性，是一种很有前途的环境清洁放射性核素预浓缩和固定吸附剂。因此，氧化石墨烯在环境修复中的潜在应用无疑存在着非常令人兴奋和光明的前景。但由于具有良好的水溶性，反应后很难将氧化石墨烯从水溶液中分离出来。为了提高氧化石墨烯基复合材料的去除率和分离效率，近年来对氧化石墨烯基复合材料的功能化进行了广泛的研究，但仍处于起步阶段。因此，要扩大氧化石墨烯基复合材料的实际应用，还需要做大量的工作。例如利用先进的光谱技术和理论计算方法，着重研究放射性核素对氧化石墨烯基复合材料的相互作用机理等。

3.1.3 活性炭（AC）

活性炭（AC）是最具代表性的碳基材料，是世界公认的废水处理中最受欢迎和应用最广泛的吸附剂之一。AC 的生产过程包括原料脱水和炭化，然后活化。它可以由不同的碳质材料在不同的条件下制备。木材、椰子壳、煤炭、石油、农业残留物和酚醛树脂是大量合成 AC 的最常见前体，全球 AC 产量每年超过 30 万吨。AC 的热稳定性、优异的表面活性、发达的内部微孔和极高的比表面积（范围 $300\sim1500\,\mathrm{m^2/g}$）以及大量存在于 AC 表面的官能团，使其成为一种多用途材料，在许多领域有着广泛的应用，尤其是在环境修复领域。

3.1.3.1 吸附铀

在批量实验系统中考察了溶液 pH、振荡时间、初始铀浓度和温度对铀吸附的影响。最佳操作条件为 pH 6.0，初始铀浓度为 300mg/L，接触时间为 5min。PSO 模型对动力学数据拟合较好，吸附等温线数据与 Langmuir 等温线模型拟合较好，最大吸附量为 40.7mg/g。Yakout 的小组进行了一系列工作，研究了用 KOH（RSK 碳）活化的稻草 AC 上的铀吸附。最大吸附发生在 pH 5.5，平衡时间为 40min，铀的总吸附量为 100mg/g。重点考察了常见阳离子（Na^+、K^+、Li^+、Ca^{2+}、Mg^{2+}、Fe^{3+}）和阴离子（Cl^-、CO_3^{2-}、HCO_3^-、SO_4^{2-}、$S_2O_3^{2-}$、OH^-、NO_3^-、S^{2-}、PO_4^{3-}）对铀在 RSK 碳上吸附的影响。结果表明，Fe^{3+} 对铀的吸附有较强的抑制作用，在铁浓度为 20mg/L 和 100mg/L 时，Fe^{3+} 的存在使铀的去除率分别降至 77% 和 20%。铁离子在高浓度下的共存可能会与铀离子激烈竞争吸附位点，导致铀的去除率大大降低。然而，与铁离子铀去除率 84.2% 相比，一些阴离子的存在对铀的吸附率有较小的促进作用，Cl^- 91.0%，OH^- 91.6%，CO_3^{2-} 89.3%，$S_2O_3^{2-}$ 93.8%，HCO_3^- 88.8%；作者将此现象归因于对电中性的要求。当阴离子在 AC 表面附近堆积时，会导致局部的净负电位，从而将带正电的铀离子吸引到靠近表面的区域。因此，由于吸附剂表面的负电荷的增加，吸附显著改善。注意，在功能化之前，AC 材料对铀的吸附能力很有限。在这方面，正在努力改进 AC 表面的潜力，采用适当的处理方法，提高其从水环境中去除铀的吸附性能。一般的表面改性方法包括热、氧化、硫化、氮化、浸渍和配体功能化处理。这些改性 AC 的技术主要是通过增加 AC 的含氧官能团、表面积和孔体积来增强对 UO_2^{2+} 的吸附能力。由于 AC 对有机分子具有很强的亲和力，因此在吸附过程中采用有机络合剂/螯合剂也可以提高 AC 的吸附性能。从技术上讲，这些络合/螯合组分是通过浸渍（物理吸附）或接枝（共价键）方式结合到 AC 表面的。已经提出了几种络合/螯合剂，包括三辛胺、2-羟基-4-氨基三嗪、聚乙烯亚胺和苯甲酰基硫脲，它们对 UO_2^{2+} 具有更好的选择性和亲和力。例如，Zhao 等人利用商用 AC 和优良的铀螯合配体苯甲酰硫脲，通过接枝技术开发了一种新的铀固体萃取剂（BT-AC）。实验条件下得到的 BT-AC 对铀的最大吸附容量为 82mg/g，是未改性 AC 的 3 倍。考察了各种干扰阳离子（Na^+、Co^{2+}、Sr^{2+}、Cs^+ 和 La^{3+}）对 BT-AC 和未改性 AC 吸附 U(Ⅵ) 的影响，以评估 BT-AC 对铀的选择性。结果清楚地表明，竞争离子对 BT-AC 吸附 U(Ⅵ) 几乎没有显著影响，而未改性的 AC 在所使用的实验条件下对 UO_2^{2+} 几乎没有特殊的亲和力，这进一步表明苯甲酰硫脲配体在 BT-AC 上选择性吸附 UO_2^{2+} 的重要作用。苯甲酰硫脲通过 N-CS-NH-CO-Ph 螯合配体与 UO_2^{2+} 形成络合物。制备的 BT-AC 提供 O、S、N 供体配体，与 UO_2^{2+} 很容易形成配合物。因此，吸附剂对铀表现出较高的亲和力和选择性。

AC 基复合材料也可以通过组分间的协同作用来提高吸附能力。一些综述文献对吸附过程进行了多项研究。例如，孔（Kong）和他的同事设计了纳米薄片，例如载铁的污泥炭（Fe-SC），以将铀固定在水溶液中。富铁污泥通过绿色碳热法成功转化为 Fe-SC。炭化温度为 800℃ 时制备的试样对铀的吸附性能最好。根据 Langmuir 模型计算，Fe-SC-800 样品在 pH 值 3.5 时的最大吸附量为 148.99mg/g，远远高于 AC（42.84mg/g）和 Fe 粉（46.79mg/g）。全面研究了铀与 Fe-SC-800 相互作用的机理。Fe-SC-800 样品的制备由 Fe_3O_4、零价铁和碳组成，根据 XRD 和 SEM 的结果显示出纳米片状结构。Fe^0 和 Fe_3O_4 也是 U(Ⅵ) 还原固定化的潜在吸附剂，Fe-SC-800 对铀的较高吸附效率是由于碳吸附和还原固定化对铀的协同作用引起的，XPS 结果进一步证实了这一点。表 3-3 总结了 AC 基材料从水溶液中去除铀的性能。

表 3-3　AC 基材料对铀的吸附性能

吸附剂	pH	温度/K	吸附容量/(mg/g)	平衡时间	选择性	动力学模型	等温线模型
原始 AC AC	6	303	40.7	5min	—	PSO	Langmuir
AC	3	303	8.68	1.5h	—	—	Langmuir
RSK	5.5	298	100	40min	与各种离子共存	—	Langmuir
CHAC	6	298	6.67	2.5h	—	PSO	Langmuir
ASAC	6	298	59.17	2h	—	PFO	Langmuir/Freundlich
HSAC	6	298	16.3	140min	—	PSO	Langmuir
改性的 AC BT-AC	5	293	82	5min	与 Co^{2+}、La^{3+}、Sr^{2+}、Cs^+、Na^+ 共存	—	Langmuir
PAF	5.0	293	115.31	1h	—	PSO	Langmuir
ACH	—	293	618	45min	—	PSO	—
TOA-AC	2~5.5	298	40.8	30min	—	PSO	Langmuir
AC 复合材料 纳米-Fe_3O_4-尿素 AC	5.0	308	46.65	5min	与 Na^+、K^+、Ca^{2+}、Zn^{2+}、Mg^{2+} 共存	—	—
AC-Fe_3O_4	6.0	303	15.87	1.5h	—	PSO	Langmuir
nZVI/AC	5	298	492.6	1h	—	PSO	Freundlich
Fe-SC-800	3.5	298	148.99	30min	—	PSO	Langmuir

3.1.3.2　吸附其他放射性核素

Kassem 等 2018 年报道了一种以羟基磷灰石和活性炭为原料，经济有效地合成陶瓷纤维薄膜的简便方法，并将其应用于放射性废物的运输。例如将 ETRR-2 反应堆放射性同位素活化产物 Sr、Cs 和 Co，通过薄平板支撑液膜（TFSSLM）溶解于 3mol/L HNO_3 中。放射性核素是从碱性 pH 溶液中迁移出来的。水介质中钠盐的存在改善了 HNO_3 的渗透性，降低了渗透率，因为提高了初始 HNO_3 的浓度。对薄膜陶瓷支撑液膜的一些参数如以 EDTA 为溶出相的浓度、萃取时间和温度及所有参数下放射性同位素最大渗透率的研究。在优化条件下考察了硝酸盐介质中放射性废液的萃取性能。在最佳实验条件下，90～110min 内对 [90]Sr 提取率为 98.6%～99.9%，对 [137]Cs 提取率为 79.65%～80.3%，10～30min 内对 [60]Co 提取率为 45.5%～55.5%，并且发现液膜中的扩散过程受化学扩散过程控制。

Hernandez 等最近用不同的苯并三唑衍生物浸渍活性炭，观察了常用于模拟铀及其放射性子产物归宿和迁移的金属在活性炭上的去除效率。用含有 U(VI)、Sr(II)、Eu(III) 和 Ce(III) 的酸性溶液测定羧苯并三唑（CBT）和甲苯并三唑（MeBT）的固定电位，并将这些衍生物吸附到不同类型的颗粒活性炭（GAC）上。这种吸附行为可以用 Redlich-Peterson 模型来预测。流动柱试验表明，铀及其部分子产物的固定化显著提高了对饱和羧基苯并噻唑（CBT）氧化 GAC 的反应，在 260 BV 时达到最大消除 U(VI)，在 114 BV 时达到最大消除 Eu(III)，在 126 BV 时达到最大消除 Ce(III)，在 100 BV 时达到最大消除 Sr(II)。在酸性条件下，MeBT 从 GAC 中明显脱附。在一些柱流出物中观察到微量的 CBT，但这似乎并没有改变金属去除的有效性，不管研究的模拟放射性核素是什么。结果表明，酸性条件下，颗粒活性炭（GAC）经酸氧化后，氧含量增加，pH_{PZC} 值降低，吸附苯并三唑衍生物的能力增强。氧化 GAC 有效地保留了苯并三唑，可用于在间歇和柱系统中处理酸性介质中的金属放射性核素，具有显著的铀容量，在 200 床体积（MRX Pox）和 260 床体积（MRX Pox＋CBT）下达到最大铀消除量。Redlich-Peterson 模型成功地描述了 MeBT 和 CBT 在酸性 pH 范围内增强活性炭对 GAC 金属螯合的条件。研究结果表明，价态（电荷）和离子半径对吸附电位有重要影响。结果与苯并三唑金属络合机理一致，苯并三唑（s）在接近电中性的 pH 范围内增加了对 GAC 的亲和力，同时与水溶液中的重金属配位。考虑到所有突破性实验的结果，用 CBT 浸渍的氧化活性炭填充的色谱柱可以成为从酸性环境中除去铀及其子产物的一种经济有效的替代方法。

3.1.4 介孔碳（MC）

介孔碳（mesoporous carbon，MC）作为碳材料家族的新成员，自 Ryoo 在 1999 年首次报道以来就引起了人们极大的研究兴趣。与 MS 材料类似，MC 也表现出高的比表面积、可调节孔径和大的孔径体积。尽管碳基材料的合成和功能化比二氧化硅基（MS）材料更具挑战性，但 MC 材料在 pH 稳定性方面比 MS 材料具有更高的耐化学性。所有这些有利的特征为从水溶液中去除铀提供了发展前景。

3.1.4.1 吸附铀

CMK-5 是 MC 家族的典型代表，Tian 等首先对模拟核工业废水的脱铀进

行了研究。通过热引发的重氮化将 4-苯乙酮肟共价固定在 CMK-5（Oxime-
CMK-5）上。在 pH 1.0～4.5 变化范围内进行吸附实验。尽管在 pH 1 和 2.5
之间发现弱吸附，但当 pH 值改变到 2.5 以上时，U(Ⅵ) 吸附迅速增加，并
在 pH 4.5 达到最大值。由 Langmuir 等温线模型计算得出的 Oxime-CMK-5
在 pH 4 和 20℃下的最大吸附容量为 65.4mg/g，这是出乎意料的，因为从
TGA 和 CHN 中测得的官能团的接枝含量较高（2.1mmol/g）。CHN 元素分
析还表明该吸附剂具有较强的吸附能力。并且 Oxime-CMK-5 在一系列竞争离
子（包括 Cr^{3+}、Ce^{3+}、Co^{2+}、Na^+、Ni^{2+}、La^{3+}、Zn^{2+}、Mn^{2+} 和 Sr^{2+}）
的存在下，对 U(Ⅵ) 仍表现出较高的选择性。另一种 MC 基材料 CMK-3 在
酸性过硫酸铵溶液中被羧基功能化。当与 60mg/L 铀溶液接触时，氧化产物
（CMK-3-COOH）在 pH 5.5 和 25℃下的最大吸附容量为 250mg/g，高于原始
产物 CMK-3(178.6mg/g)。在一系列共存离子中，CMK-3-COOH 对 U(Ⅵ)
表现出显著的选择性，K_d 值约为 2.08×10^{-4} mL/g。不久之后，该小组通过
将苯胺在 CMK-3 表面进行原位聚合，从而合成了 PANI-CMK-3 复合物，以
从水溶液中去除铀。功能化后，单层最大吸附容量从 CMK-3 的 50.12mg/g 提
高到 PANI-CMK-3 的 118.3mg/g，尽管 CMK-3 的 BET 表面积从 1074m^2/g
显著下降到 224m^2/g。U(Ⅵ) 的增强吸附归因于 U(Ⅵ) 与 PANI 中的亚胺和
氨基之间的配位。同样，吸附剂在包括 Na^+、Zn^{2+}、Mn^{2+}、Ni^{2+}、Sr^{2+} 和
Mg^{2+} 的一系列竞争性离子中均表现出对 UO_2^{2+} 的极佳选择性。在 MC 上引入
有机基团是提高吸附性能的有效方法，已知偕胺肟、磷基和羧基等有机官能团
有利于吸附 UO_2^{2+}。为了全面研究和直接比较有机功能化 MC 材料对铀的吸
附，Lin 等人设计了一套表面改性的 MC 材料，并将它们用作模拟酸性矿山水
（pH＝4）和海水（pH＝8.2）中铀的吸附剂。与他们之前对 MS 材料的研究
结果相似，磷酸衍生材料［MC-O-PO(OH)$_2$］在模拟矿性酸性排水和海水条
件下对 U(Ⅵ) 的吸附均最高。MC-O-PO(OH)$_2$ 对铀酰的详细吸附表明，吸
附过程对 pH 值有很大的依赖性。pH 值在 1～2.5 之间吸附有限，pH 值在
2.0～3.5 之间急剧增加，之后出现一个平台期。从 pH 2.0～3.5 观察到的铀
吸附量急剧增加，可以归因于吸附剂表面上磷酸基团的首次去质子化，这导致
吸附量提高了约 7 倍，从而基于 Langmuir 模型获得了最大的吸附量。在酸性
溶液中为 97mg/g，在人造海水中为 67mg/g。后来 Song 等利用聚多巴胺
（PDA）化学方法对 MC 材料进行表面改性，可以增强其对 U(Ⅵ) 的亲水性
和吸附能力。在温和的条件下，通过多巴胺的自聚合，将均匀的 PDA 涂层沉
积在 CMK-3 表面，导致表面的儿茶酚和亚胺基团含量增高。采用不同的多巴

胺浓度（0.6g/L、1.1g/L、2.2g/L 和 4.4g/L）以及包覆时间（5h、10h 和 24h）制备的样品，研究了固定 pH 值 5 时 U(Ⅵ) 对模拟核工业废水的吸附行为。结果发现，对 U(Ⅵ) 的吸附量与多巴胺浓度和包覆时间呈线性正相关，其中 CMK-3-PDA-4.4-10（多巴胺浓度 4.4g/L，包覆时间 10h）对 U(Ⅵ) 的吸附量最高，最大吸附量为 93.6mg/g。当大多数竞争性阳离子如 K(Ⅰ)、Co(Ⅱ)、Ni(Ⅱ)、Mn(Ⅱ)、Zn(Ⅱ)、Sr(Ⅱ)、Ce(Ⅲ)、La(Ⅲ) 存在时，对 U(Ⅵ) 表现出显著的选择性结合能力。值得注意的是，具有中等吸附能力的 Cr(Ⅲ) 可能是模拟核工业废水中的潜在干扰离子。同时也测试了 PDA 涂层 CMK-3 的可重复使用性。在重复使用试验中，由于 0.1mol/L HCl 对吸附的 U(Ⅵ) 解吸不完全，PDA 包覆 CMK-3 的吸附效率明显下降，需要更有效的解吸方法以寻求其循环利用。

最近，Zhang 等人通过模板导向的水热碳化方法制备了有序介孔碳质材料（MCMs）。具体来说，是以 SBA-15 作为牺牲模板合成 CMK-3，然后通过水热处理制备碳包覆的 CMK-3。铀吸附实验表明，溶液的 pH 值对 MCM 的吸附性能有很大的影响，在 pH 4.0～8.0 范围内达到最大吸附。利用 Langmuir 模型模拟等温线数据，得到 pH 4.0 时 MCMs 的饱和容量为 293.95mg/g。FT-IR 和 XPS 分析表明，吸附率高的原因是 U(Ⅵ) 与 MCMs 表面的含氧官能团（如—OH 和—COOH 基团）结合较强。还评估了在多种电解质离子存在下 MCM 对 UO_2^{2+} 的选择性。大多数共存离子（例如 Na^+、K^+、Cl^-、SO_4^{2-} 和 PO_4^{3-}）对 U(Ⅵ) 吸附的影响可以忽略不计，而共存的 Ca^{2+} 则将 U(Ⅵ) 的去除率从 90% 降低到了 65%。表 3-4 总结了 MC 基材料从水溶液中去除铀的性能。

表 3-4　MC 基材料对铀的吸附性能

吸附剂	pH	温度/K	吸附容量/(mg/g)	平衡时间	选择性	动力学模型	等温线模型
MC Carbon-LSs+CTAB	5.5	298	223.49	19h	—	PSO	Freundlich
改性的 MC Oxime-CMK-5	4.5	283	65.18	30min	与各种阳离子共存	PFO	Langmuir
CMK-3-COOH	5.5	298	250	35min	与各种阳离子共存	PSO	Langmuir/Freundlich
MC-O-PO(OH)₂	4	RT	64	—	—	PSO	Langmuir
CMK-3-PDA-4.4-10	5	301	93.6		与各种阳离子共存		

吸附剂	pH	温度/K	吸附容量/(mg/g)	平衡时间	选择性	动力学模型	等温线模型
MCMs	4	298	293.95	50min	与各种离子共存	PSO	Langmuir
MC复合材料 PANI-CMK-3	7	298	131.8	1h	与 Na^+、Mg^{2+}、Zn^{2+}、Mn^{2+}、Ni^{2+}、Sr^{2+} 共存	PSO	Langmuir
P-Fe-CMK-3	4	298	150	30min	与各种阳离子共存	PSO	Freundlich

3.1.4.2 吸附其他放射性核素

Chang 等采用在低温（70℃）条件下在介孔炭表面原位生长纳米级磁铁矿颗粒（m-NPs）的方法，制备了新型可回收利用的超顺磁性吸附剂 Fe_3O_4-O-CMK-3。通过透射电子显微镜的结构表征证实了磁性纳米颗粒周围形成了20nm 厚的氧化介孔碳层。热重分析结果表明，Fe_3O_4-O-CMK-3 表面含有大量的羧基和酚基。由于这些丰富的极性基团，Fe_3O_4-O-CMK-3 对 Cs 的吸附亲和力强于浸渍法制备的磁性介孔炭 O-Fe-CMK-3 和共铸法制备的 Fe-O-CMK-3，即使在有高浓度的竞争性阳离子（K^+、Na^+、Li^+、Ca^{2+} 和 Sr^{2+}）存在的情况下，Fe_3O_4-O-CMK-3 吸附剂也能快速达到稳定状态（<5min），最大吸附容量为 205mg/g，远远高于文献中报道的其他磁性吸附剂（通常低于 110mg/g）。合成的纳米结构吸附剂可以在几秒钟内回收利用外部磁铁和重复使用至少 6 次去除含 Cs 的污染物。

Kim 等通过将螯合聚合物羧甲基化聚乙烯亚胺（CMPEI）引入介孔碳（CMK-3）中，成功制备了介孔聚合物-碳复合材料（CMPEI/CMK-3），并用于固定放射性 Am(Ⅲ) 离子的常用替代物 Eu(Ⅲ) 离子。将 Eu(Ⅲ) 离子负载到 CMPEI/CMK-3 复合材料上后，通过将聚吡咯（PPy）引入复合材料的中孔来限制 Eu(Ⅲ) 离子的生长。以 NO^+ 为氧化剂，在弱酸性溶液中制备了可溶性短链聚吡咯。这些聚合物链很容易吸附在 Eu-CMPEI/CMK-3 复合材料的壁上，有效地固定了 Eu(Ⅲ) 离子。在弱酸性条件（pH＝6）下使用无金属氧化剂 NO^+，确保了复合材料在聚合过程中 Eu(Ⅲ) 离子损失最小。用电子显微镜、X 射线衍射和 N_2 吸附分析对制备的 PPy/Eu-CMPEI/CMK-3 复合材料进行了表征。这些表征结果普遍支持 PPy 被引入复合材料的介孔中，改变了 CMK-3 载体的介孔特性，减小了 CMK-3 载体的孔体积。Eu(Ⅲ) 浸出实验表明，复合材料中 PPy 层的存在能显著提高 Eu(Ⅲ) 离子的去除率。研究表明，螯合聚合物基复合材料可以通过适当优化聚合物掺入过程来去除和长期固定放射性锕系元素。

3.1.5　其他碳基材料

在各种放射性废物中，铀是最常见污染物，铀矿开采、核能发电、乏燃料处理和核武器制造等核工业的迅速发展，造成了水中铀污染的遗留问题，对生态环境和人类健康构成了潜在的威胁。由于铀的毒性和放射性，世界卫生组织建议饮用水中铀的最高浓度为 $30\mu g/L$。

除了上述材料之外，许多其他类型的碳基材料也被开发用于从水溶液中去除铀，如碳纳米纤维（CNFs）、水热碳（HTC）等。

3.1.5.1　碳纳米纤维

近年来，直径为 $3\sim100nm$、长度为 $0.1\sim1000\mu m$ 的碳纳米纤维（CNFs）由于其独特的一维纳米结构，强大的理化稳定性，良好的亲水性，高孔隙率作为吸附剂受到了越来越多的关注。其具有巨大的比表面积，是由于它们的石墨烯层上裸露边缘和不饱和键产生的。迄今为止，已有多种方法用于制备纳米碳化物，主要包括化学气相沉积法（CVD）、静电纺丝法和模板法。CVD法生产CNFs应用广泛。例如，CNFs是由气态烃（甲烷、苯、乙炔、乙烯等）在高温（$500\sim1500$℃）催化金属（Fe、Co、Ni等）合成的。由于金属与支撑物之间的界面自由能增大，细小颗粒有可能阻碍石墨的成核和诱导石墨纤维的生长。Chen 等以 CH_4 为碳源，在 Cu/SiO_2 基底上制备了 CNFs。制备的纳米碳纤维具有直径合适、分布均匀等优点，有利于形成多层复合材料。静电纺丝是另一种常用的技术，具有成本低、选材广泛、用途广、速度快等特点。在这种方法中，聚合物溶液（聚丙烯腈、聚乙烯醇、聚环氧乙烷、聚乙烯基吡咯烷酮等）首先在高压电场中从注射器中喷射出来，固体纳米纤维被沉积在收集器上。然后将聚合物纳米纤维在惰性气体中炭化，制备出具有直径均匀、连续生长的CNFs。Zhang 等以 PAA 为碳前体制备了比表面积为 $715.89m^2/g$ 的静电纺丝碳纤维，对 2,4-二氯苯酚（2,4-dcp）、亚甲基蓝（MB）和四环素（TC）的去除效果良好。模板法也是裂解或牺牲模板获得CNFs的一种有效方法，其价格低廉，可再生，资源丰富。例如，Shi 等人提出了一种来自细菌纤维素的三维氮掺杂 CNFs 网络作为载体来支撑非晶态 Fe_2O_3。金属氧化物与三维互联 CNFs 网络的协同作用赋予了该杂化物优越的结构特征。

Sun 等人研究了 U（Ⅵ）在 CNFs 上的吸附，CNFs 是通过模板定向水热碳

化过程制备的。在 pH 2.0～11.0 范围的去离子水中进行吸附实验。对 U(Ⅵ)
的吸附随 pH 值的增加而增加，在 pH 6.0 时达到最大吸附量，在 pH＞6.0 时
急剧下降。在 pH＜6.0 时增加的吸附归因于 CNFs 的带负电荷的表面和带正
电荷的铀物种之间的强表面络合，而在高 pH 值下，碳酸根-铀酰配合物的优
势则抑制了 U(Ⅵ) 的吸附。作者还认为，在 pH 4.0～6.0 时 U(Ⅵ) 去除率
的增加不仅是由于表面络合作用，还由于 CNFs（即 CXOH）强大的还原能
力，它将 U(Ⅵ) 还原为 U(Ⅳ)。XPS 光谱中 U(Ⅳ) 峰的出现证明了这一点。吸
附等温线在 pH 4.5 和 298K 下进行绘制，其对铀的最大吸附容量为 125mg/g。
并通过 EXAFS 技术深入研究了 U(Ⅵ) 在 CNFs 上的吸附机理。结果表明，
U(Ⅵ) 在 pH 4.5 的 CNFs 上的吸附主要是由内球表面络合引起的，而在
pH 7.0 的条件下则发现了表面共沉淀（即钠闪石）。随后，同一组通过等离子
体诱导接枝法（p-AO/CNFs）或化学接枝法（c-AO/CNFs）制备了脒肟修饰
的 CNFs，并用于从水溶液中去除铀。测量是在去离子水中 pH 值为 3.5 的条
件下进行的，对 p-AO/CNF 和 c-AO/CNF 的最大容量分别为 588.24mg/g 和
263.18mg/g。作者认为，p-AO/CNF 对 U(Ⅵ) 的较高吸附是由于形成了更
多可用的活性位点，例如含氧和氮的配体。EXAFS 分析表明，两种 AO/CNF
上的 U(Ⅵ) 吸附都会形成内球络合物（例如 U-C 壳）。SCM 进一步证明了这
三个内球络合物的存在，包括 $SOUO_2^+$、$SO(UO_2)_3(OH)_7^{2-}$ 和 $SOUO_2$
$(CO_3)_2^{3-}$，3 种物质在 AO/CNF 上对 pH 边缘和 U(Ⅵ) 的吸附等温线具有非
凡的拟合度。此外，p-AO/CNF 在一系列其他竞争离子（包括 Th^{4+}、Eu^{3+}、
Am^{3+}、Sr^{2+}、Ni^{2+}、Co^{2+} 和 Cs^+）存在时对 U(Ⅵ) 也表现出优异的选
择性。

3.1.5.2 水热碳

Li 的小组已经完成了一系列关于水热碳（hydrothermal carbon，HTC）
吸附铀的工作。通过在 HTC 表面引入水杨酰亚胺（HTC-Sal）、5-氮杂胞嘧啶
（HTC-Acy）、偕胺肟（HTC-AO）和酚（HTC-Btg）配体，制备了几种官能
化 HTC。HTC-AO 对 U(Ⅵ) 的吸附性能优于其他三种材料，在 pH 4.5 和
298K 下，最大吸附量为 1021.6mg/g。有趣的是，作者认为 HTC-AO 对
U(Ⅵ) 的高吸附不是单层吸附，而是单层覆盖和多层吸附的联合吸附方式。
值得注意的是，四种吸附剂对含 12 个竞争性离子（如 Sr^{2+}、Ni^{2+}、Zn^{2+}、
Ba^{2+}、Co^{2+}、Mn^{2+}、Gd^{3+} 等）的模拟核工业废水中的 U(Ⅵ) 均表现出优异
的选择性。表 3-5 列出了从溶液中去除铀的其他碳基材料的性能。

表 3-5　其他碳族材料对铀的吸附性能

吸附剂	pH	温度/K	吸附量/(mg/g)	平衡时间	选择性	动力学模型	等温线模型
CNFs CNFs	4.5	298	125	2h	—	PSO	Langmuir
CNFs	4.5	293	52.63	3h	—	PSO	Langmuir
p-AO/CNFs	3.5	293	588.24	3h	与各种阳离子共存	PSO	Langmuir
nZVI/CNF	3.5	298	54.95	—	—	PSO	Langmuir
HTC HTC-Acy	4.5	293	339	30min	与各种阳离子共存	PSO	—
HTC-Sal	4.3	288	261	30min	与各种阳离子共存	PSO	Langmuir
HTC-Btg	4.5	298	307.3	10min	与各种阳离子共存	PSO	Freundlich
HTC-AO	4.5	298	1021.6	—	与各种阳离子共存	PSO	

放射性核素铕 [Eu(Ⅲ)] 对人类和生态环境的危害，促使了对其高效去除废水的先进吸附剂材料的开发。Ai 等人通过原位水热法制备了一种花状二硫化钼/碳复合材料（MoS_2/C），并通过各种实验表征方法 [扫描电子显微镜（SEM）、透射电子显微镜（TEM）、X 射线衍射（XRD）和傅里叶变换红外（FTIR）光谱] 进行了验证。已发现，与原始 MoS_2（32.52mg/g，pH 5.0，298K）相比，MoS_2/C 复合材料对 Eu(Ⅲ) 的吸附容量（100.57mg/g，pH 5.0，298K）高得多。X 射线光电子能谱（XPS）和密度泛函理论（DFT）计算证实了 MoS_2 的 S 原子与碳材料的羧基之间的协同作用。此外，还发现 MoS_2/C 吸附率高，平衡时间短（120min），pH 操作范围宽（4.0～9.0）。这项研究表明，二硫化钼/碳复合材料可作为去除废水中放射性核素的有利候选材料，并扩大了使用碳基材料去除废水中放射性核素的可能性领域。

碳基材料为从水溶液中去除铀等放射性核素提供了一个有趣的平台。AC 是最早发展起来的吸附剂之一，自 20 世纪 60 年代开始应用于工业废水处理。然而，利用 AC 作为吸附剂具有成本低、原料来源广的优点，但一直存在对铀吸附容量低、选择性差的问题。因此，人们的注意力转移到了其他类型的碳基材料上。二十多年来，纳米技术为具有挑战性的环境问题提供了有希望的解决方案。特别是碳纳米结构材料（如上文所述的 CNTs 和 GOs），在水净化领域引起了人们广泛的研究兴趣。在吸附能力和应用方面，这些碳纳米结构材料的主要缺点是体积小，水溶性强，吸附铀后很难从水溶液中分离出来，这是一个很大的挑战。优点是其高表面积、显著的加工性能和高结合点密度。由于这些优点，它们表现出了吸附容量大、吸附动力学快、选择性好、重复使用性能好等吸引人的特点。然而，这些材料在技术上还不成熟。虽然在实验室试验中采用离心和磁性的方法已经观察到有前途的性能，但在工业规模上效率低下。另一个问题与这些纳米材料的安全性有关。到目前为止，还没有完全安全无毒的纳米颗粒，包括 CNTs 和 GOs 纳米颗粒体积小，在应用或处置过程中很容易释放到环境中造成环境污染等问题。与传统或其他新兴污染物不同，纳米材料是环境的新标识，对科学家提出了新的挑战。在全面实施之前，非常需要了解纳米材料在自然环境中的毒性和理化行为。以一种环境友好的方式制备纳米结构材料，并以可控的方式使用它们，以避免环境危害，这需要付出更多的努力。尽管如此，上述工作的确构成了从水溶液中去除放射性核素使用碳纳米结构材料进行实际应用的重要一步。

3.2
二维过渡金属碳化物/氮化物

二维过渡金属碳化物/氮化物（MXene）是一种新型的层状纳米材料，最近出现在能源和环境领域。MXenes 一般是通过从层状三元碳化物或氮化物（最大相）中选择性蚀刻 A 层而产生的，常用 $M_{n+1}AX_n$ 表示，其中 M 代表早期过渡金属（如 Ti、V、Cr、Mo、Nb、Zr、Sc、Hf 和 Ta），A 主要是 13 和 14 号元素（如 Al 和 Si），X 代表碳和/或氮，$n=1$、2 或 3。由于在蚀刻过程中 A 层被表面终端（T_x）所取代，因此合适的化学描述是 $M_{n+1}X_nT_x$。迄今为止，使用含氟的酸性溶液作为腐蚀剂（HF、LiF＋HCl 和 NH_4HF_2）的湿化学蚀刻法在合成 MXenes 方面占优势。由于最大相的稳定性，蚀刻条件可能会有很大的变化。例如，使用 Ti_3AlC_2 作为前驱体，在室温下进行 2h 的 HF 蚀刻很容易得到 $Ti_3C_2T_x$（这里的 T_x 代表表面终端，如 OH、O、F 和 Cl 基团），然而，从 Ti_3SiC_2 中分离出具有较高抗氧化性的 $Ti_3C_2T_x$ 需要在 40℃ 使用氧化剂辅助蚀刻剂（H_2O_2HF）至少 45h。对于具有高 n 和内聚能的 MAX 材料（例如 Ti_4AlN_3），采用熔融氟盐在高温下能有效地蚀刻 A 层。最近，报道了一种碱辅助水热法（27.5mol/L NaOH，270℃）制备无氟 $Ti_3C_2T_x$，由于—OH 和—O 基团的完全表面功能化，可能具有应用于水净化的前景。

值得注意的是，一些 MXenes 可以通过蚀刻叠层非最大相前驱体来产生。从 $Zr_3Al_3C_5$ 和 $Hf_3[Al(Si)]_4C_6$ 中选择性蚀刻铝/碳化硅层（Al_3C_3 和 $[Al(Si)]_4C_4$）分别成功地合成了 $Zr_3C_2T_x$ 和 $Hf_3C_2T_x$ MXenes。可见，MXenes 通常是在强腐蚀、浓酸碱或高温的苛刻条件下制备的。因此，开发安全、经济、环保的新型 MXene 合成策略是大规模实际应用的必要条件。

MXene 经常以—OH、—O、—F 和/或—Cl 基团的混合物作为端基，它提供了大量的吸附位点，并使其表面具有亲水性。一般来说，亲水表面有利于极性或离子物种的吸附。因为 MXenes 固有的负电荷（例如，对于 $Ti_3C_2T_x$，pH_{zpc} 为 2.4 左右），会自发地在 MXenes 层之间插入阳离子使每一层都可用于离子吸附。与黏土材料类似，新鲜 MXene 具有柔韧性和膨胀性，因此很容易被尿素、烷基胺、二甲亚砜（DMSO）和 $N_2H_4 \cdot H_2O$ 等有机小分子插入。阳离子或分子的插入不仅调节了 MXenes 的 c 晶格参数，还削弱了夹层间的氢键和范德华力，这可能导致多层堆叠的 MXenes 分为单层或几层。剥离后的 MXene 纳米薄片通常比多层结构具有更大的比表面积，这增加了离子吸附活性位点的数量。

MXenes 具有大的比表面积、丰富的活性吸附位点、高的离子交换能力、良好的亲水性和可控制的层间空间等有趣的物理化学特性，正被开发为有潜力的放射性核素分离候选材料。特别是这种无机材料还表现出高的抗辐射性和良好的导热性，即使在非常恶劣的条件下也可以用于放射性核素的分离。这些优异的性能可能使 MXenes 成为处理棘手的放射性核废料的多功能候选材料。

3.2.1 吸附铀

许多放射性核素由于其化学和放射性毒性而成为潜在的环境污染物。最近，用新颖和有效的纳米材料（如 MXenes）对放射性核素的修复已经被证实。Wang 等报道了通过 MXene 在 2D 碳化钒（V_2CT_x）上捕获铀来高效去除放射性核素的第一个实验案例。

通过对 V_2AlC 的 HF 蚀刻合成的多层 V_2CT_x 材料被发现是高效的铀吸附剂，证明其高吸收量为 $174mg/g$，具有快速吸附动力学（4h）和理想的选择性（选择性系数>10）。吸附等温线的拟合表明，由于 MXene 的多层结构以及 OH、F 等非均相吸附位点的存在，吸附遵循非均相吸附模式。用 EXAFS 测量方法检测了 U(Ⅵ) 吸附在 V_2CT_x 上的局部配位环境。在约 2.32Å 处的两个氧原子和在约 2.45Å 处的三个氧原子被发现构成了 U(Ⅵ) 离子的第一赤道壳层。此外，在约 3.2Å 处的一个 V 原子被拟合为第二道赤道壳层。这些结果表明，铀酰离子更倾向于通过形成双齿内球配合物与连接在纳米片 V 位点上的羟基进行配位。通过分析 V K 边缘的 XANES 光谱，估算了 V_2CT_x 和 V_2AlC 样品中 V 的等效价态。V 的氧化态无明显变化，说明 V_2CT_x 在 U（Ⅵ）吸附过程中总体稳定。

采用密度泛函理论（DFT）计算 U（Ⅵ）与 V_2CT_x 的相互作用后发现在四种被提出的吸附构型中，双齿内球面配位构型在能量上是最有利的。DFT 计算得到的配位数和键长与 EXAFS 分析一致。在一项扩展的研究中，Zhang 等人计算了更复杂的 U（Ⅵ）物种 $UO_2(L_1)_x(L_2)_6(L_3)_z$（$L_1$、$L_2$ 和 L_3 分别代表 H_2O、OH 和 CO_3）在 V_2C 纳米片（用 OH 和 F 官能团终止）上的吸附。结果表明，所有铀酰物种都能稳定地与羟基化的 V_2C 结合，结合能在 3.34～4.61eV 范围内，其中水合铀酰离子 $[UO_2(H_2O)_n]_2$ 配合物具有最高的吸附能。电子定位函数（ELF）分析表明，U 和 O 原子之间的电子定域大于 U 和 F 原子之间的电子定域。随着氢氧根官能团被 F 原子取代，吸附能降低，表明以 F 为终端的表面对铀酰的吸附不利。

$Ti_3C_2T_x$ 是目前应用最广泛的 MXene，其制备工艺成熟，成本低廉。从这个角度来看，$Ti_3C_2T_x$ 在放射性核素消除的实际应用中比 V_2CT_x 更有吸引力。2016 年 DFT 模拟评估了 U（Ⅵ）在 $Ti_3C_2T_x$ 上吸附的理论预测。结果表明，U（Ⅵ）通过化学吸附和氢键的形成与 $Ti_3C_2(OH)_2$ 纳米片强烈相互作用，吸附基本上与阴离子配体无关，如 OH^-、Cl^- 和 NO_3^-。然而，$Ti_3C_2T_x$ 的超高能力总是受到多层结构内部层间空间狭窄的影响。为了克服这一挑战，开发了 $Ti_3C_2T_x$ 的水化插层策略，以增强去除 U（Ⅵ）。在 DMSO 活化后，$Ti_3C_2T_x$ 增大的 c 晶格参数增加到 20.18Å，导致对 U（Ⅵ）的吸附容量增强到五倍。通过对重金属离子和染料分子的去除实验也证明了水合 MXenes 在水净化过程中的吸附增强作用。$Ti_3C_2T_x$-DMSO-水合对 U（Ⅵ）的最大吸收量为 214mg/g，约为理论值的 54.5%。对模拟铀污染水的进一步处理表明，1kg 活化的 MXene 可净化 5000kg 废水，出水 U（Ⅵ）含量低于饮用水临时标准——15μg/L［世卫组织（WHO）的建议］。更重要的是，本研究开发了快速煅烧策略，以最小化用于凝固应用的 U（Ⅵ）吸附 MXene 的层间空间。U（Ⅵ）的浸出率非常低（在水中<1%，在 0.5mol/L HNO_3 中<6%），这表明锕系离子被成功地"囚禁"在 MXene 基质的纳米受限空间内。合理控制多层 $Ti_3C_2T_x$ 的层间空间，使 MXene 具有优异的放射性核素吸附和包封性能，使 $Ti_3C_2T_x$ 成为核废料地质处置的潜在候选者。

表面改性是调节官能团、提高 MXene 基材料吸附性能的另一有效方法。

Gu 等采用聚苯胺在多层 $Ti_3C_2T_x$ MXene 上原位聚合的方法合成了一种 PA-NI/$Ti_3C_2T_x$ 有机-无机杂化材料。PANI/$Ti_3C_2T_x$ 对 U(Ⅵ) 的最大吸附容量为 102.8mg/g，优于最初的 $Ti_3C_2T_x$ （36.6mg/g）。PANI/$Ti_3C_2T_x$ 对 U(Ⅵ) 的吸附是自发的吸热过程，受离子强度的影响较大。光谱表征表明，U(Ⅵ) 与 PANI/$Ti_3C_2T_x$ 上的含氧基团和氨基相互作用，形成强表面配合物。Fan 等人报道了一种改性 $Ti_3C_2T_x$/GCE 电极的制备，用于水溶液中 U(Ⅵ) 的电化学检测。用 KOH（一种碱化插剂）对 $Ti_3C_2T_x$ 进行预处理，可以提高表面羟基官能团含量，消除原始 $Ti_3C_2T_x$ 的电容效应，有利于后续的电化学检测。循环伏安法（CV）扫描表明，K-$Ti_3C_2T_x$/GCE 电极对 U(Ⅵ) 的电化学响应明显增加，pH=4.0 时检出限为 0.083mg/L。该电极在铀浓度 0.5～10mg/L 范围内也表现出良好的线性检测关系，具有良好的稳定性和重复性。另一种办法是，将高度可移动的 U(Ⅵ) 还原为溶解度较低的 U(Ⅳ) 一直被认为是对铀进行原位环境修复的有效方法。2018 年，一种高反应性的钛基 MXene Ti_2CT_x 首次通过吸附-还原法被用于有效去除 U(Ⅵ)。在较宽的 pH 范围内，TiC_2T_x 对 U(Ⅵ) 的去除效果极佳。例如，当铀的初始浓度<160mg/L 时，U(Ⅵ) 的去除率接近 100%，pH=3.0 时饱和去除率达到 470mg/g。分批吸附实验表明，U(Ⅵ) 的去除取决于反离子的浓度，例如 NO_3^-、Cl^- 和 ClO_4^-。XANES 光谱表明，在 pH 值至少为 3.0～8.0 的范围内，Ti_2CT_x 可以将 U(Ⅵ) 还原至 U(Ⅳ)。作为比较，在 $Ti_3C_2T_x$ 上证实了 U(Ⅵ) 的非还原性吸附，其表面基团与 Ti_2CT_x 相似，但原子层不同。在低 pH 值下，铀的还原物种是固定在无定形 TiO_2 的═TiO 位点上的单核 U(Ⅳ) 复合物 [U(Ⅳ)-A-TiO_2]。对 U(Ⅳ)-A-TiO_2 的观察，为研究其固化途径以及在酸性条件下对 U(Ⅳ) 迁移的抑制提供了新的思路。在接近中性的 pH 值下，UO_{2+x} 相的纳米粒子被发现吸附在基质上。随后的研究还表明，Ti_2CT_x 可能是处理铀矿放射性废水的可渗透反应性屏障材料的潜在候选材料。

3.2.2　吸附其他放射性核素

最近合成了一种表面修饰的 Ti_2CT_x MXene 纳米复合材料（TCNS-P），可有效去除和还原高铼酸盐（一种高锝酸盐的模拟物）。聚二烯丙基二甲基氯化铵的引入调节了表面电荷，提高了 Ti_2CT_x 纳米片的稳定性，从而增强了 Re(Ⅶ) 的去除。进一步的 EXAFS 和 XPS 分析表明，TCNS-P 具有 pH 依赖的 Re(Ⅶ) 还原机制。优化 Re(Ⅳ) 主导条件可以指导 Ti_2CT_x 基材料在

Tc(Ⅶ) 还原和固定化方面的应用发展。Re(Ⅳ) 占优势的条件优化可以指导
Ti_2CT_x 基材料在 Tc(Ⅶ) 还原和固定化方面的应用发展。[133]Ba 和[140]Ba 是重要
的裂变产物，通常存在于液态核废料中。此外，Ba^{2+} 在化学上与放射性 Ra^{2+}
相似，可以作为替代品。Mu 等合成了一种 Alk-$Ti_3C_2T_x$，由于层间空间大，
有大量的活性吸附位点，提高了对 Ba^{2+} 的吸附。Alk-$Ti_3C_2T_x$ 对 Ba^{2+} 的最大
吸附容量为 46.46mg/g，是未改性 $Ti_3C_2T_x$ 的 3 倍。离子交换机理解释了吸
附行为，即吸附剂浸泡在钡水溶液中，Alk-$Ti_3C_2T_x$ 中插入的 Na^+ 与 Ba^{2+} 快
速交换。在 $Ti_3C_2T_x$ 的夹层内观察到吸附的 Ba^{2+} 的有序分布，体现在 MXene
(002) 峰向较低角度范围移动。Mu 等人也报道了在不同腐蚀温度下合成的
$Ti_3C_2T_x$ 样品可以去除 HNO_3 溶液中的放射性 Pd^{2+}。MXene-45 (45℃制备)
对 Pd^{2+} 的最大吸附容量为 184.56mg/g，这主要是因为其比表面积最大
(76.42m^2/g)。即使在模拟核废水处理中，MXene-45 仍具有良好的选择性，
这可能归因于 Pd^{2+} 的水合能低，并且易于与 MXene 表面的活性基团结合。进
一步的控制实验和光谱分析表明，在 $Ti_3C_2T_x$ 上 Pd^{2+} 的吸收主要是表面化学
吸附，而不是离子交换。总之，在环境放射性核素的捕获和固定化方面，
MXenes 已被证明是具有竞争力的无机吸附剂。MXenes 可以通过多种相互作
用途径去除放射性核素，包括配位、离子交换和还原固定化。其机理不仅与溶
液条件有关，而且与 MXene 基材料的层结构、键合强度和表面性质密切相关。
然而，在一些复杂的条件下，MXene 对放射性核素的吸附选择性可能低于其
他功能化纳米材料。多烯共价接枝多功能复合材料的合成在放射性核素选择性
分离方面的应用有待进一步研究。此外，大多数报道的研究都集中在去除放射
性核素阳离子上，主要是由于 MXenes 表面带负电荷。进一步的研究应该着眼
于用表面改性 MXene 材料去除放射性阴离子，如$^{99}TcO_4^-$、$^{79}SeO_3^{2-}$、$^{129}IO_{3-}$。

3.3 介孔二氧化硅

介孔二氧化硅 (mesoporous silica，MS) 材料是根据国际纯粹与应用化学
联合会 (IUPAC) 的建议基于其 250nm 的孔径定义的。毫无疑问，MS 材料
的优势在于其超高的比表面积、大的孔体积以及可调节的孔径和形状，可为铀

及其他放射性核素的吸附提供大量的反应或相互作用位点，并具有功能化的可行性，与无孔材料相比反过来又可以提高这些中孔吸附剂的吸附能力。此外，MS 表面的硅烷醇基（Si—OH）可以通过与有机硅烷的偶联反应固定多种功能。这些 MS 材料，特别是大孔有序材料，如 MCM-41、SBA-15 和 KIT-6，作为选择性吸附剂和从水溶液中去除铀的载体引起了人们的特别关注。MS 材料通过后合成（通常称为接枝）和共缩聚（也称为直接或单釜底合成）等方法实现功能化，以提高吸附剂性能，这引起了人们广泛关注。Fryxell 团队率先研究了功能化 MS 材料，即介孔支架上的自组装单分子膜（SAMMS），以及它们在锕系化合物去除方面的应用。在将甘氨酰脲、水杨酰胺和乙酰胺膦酸酯配体官能化到 MCM-41 载体上后，这些 SAMMS 材料对包括 U（Ⅵ）、Am（Ⅲ）和 Th（Ⅳ）等锕系元素表现出快速去除和高结合亲和力的特性。随后，含氮配体、磷基配体、2,9-二酰胺-1,10-菲咯啉（DAPhen）、5-硝基-2-呋喃醛（糠醛）、（聚）多巴胺和亚氨基二乙酸衍生物等被引入 MS 基质，用于从水溶液中去除铀。

3.3.1　吸附铀

在上述功能配体中，氨基、胺、偕胺肟基等氮基配体因其对铀酰的高亲和力而被广泛研究。例如，Huynh 和同事一直致力于一系列氨基功能化 MS 材料的研究。通过常规接枝方法在 SBA-15 载体上修饰了 3-氨基丙基三甲氧基硅烷（NC_1）、3-氨基丙基三乙氧基硅烷（NC_2）和 3-(2-氨基乙基氨基) 丙基三甲氧基硅烷（N_2C_1）三种配体，同时制备了 N_2C_1 功能化的 SBA-15。无可争议的是，铀的吸附是依赖于 pH 值的，尽管在 pH＝3 时观察到吸附不良，但（SBA-15-N_2C_1）样品在 pH 6 时获得了超过 550mg/g 的最大吸附容量。在 pH 6.0 和 T＝20℃条件下，对这些材料上的铀吸附等温线进行了表征，SBA-15-N_2C_1、SBA-15-NC_1、SBA-15-NC_2、SBA-15-N_2C_1-CS 和 SBA-15 的饱和容量分别为 573mg/g、472mg/g、420mg/g、280mg/g 和 162mg/g。由于接枝改性材料具有较高的功能利用率和功能表面密度，因此在应用条件下，接枝改性材料的吸附能力优于共凝聚样品。在另一种情况下，Wei 等人将尿素-甲醛树脂用作框架来构建中孔二氧化硅原型（MSP）。然后使用三种不同的基于氨基的配体对制备的 MSP 进行官能化，这些配体包括（3-氨基丙基）三甲氧基硅烷、3-[2-(2-氨基乙基氨基) 乙基氨基] 丙基三甲氧基硅烷、酸性丙烯酰胺（这些改性材料为通过接枝方法制备，分别表示为 APTES、TPDA 和 NNSO）。在不同的固液比、pH 和浓度下进行吸附实验。对于固液比为 1∶2000 的溶液，

在 pH 值为 5.5 的条件下，APTES、TPDA 和 NNSO 对铀的最大吸附百分比
分别为 99.7%、99.98% 和 99.5%。吸附等温线倾向于 Freundlich 模型，表明
在应用条件下物理吸附起着至关重要的作用。当固液比为 1:1000 时，铀吸
附是在更复杂的溶液环境中进行的，该环境 pH 值不同，包括人工废水以及
实际的核工业过程废水样品，其中包含各种共存离子，例如 U^{6+}、Fe^{3+}、
Mn^{2+}、Cu^{2+}、Co^{2+}、Mo^{4+}、Zn^{2+}、Ca^{2+} 和 Mg^{2+}。结果表明，U(Ⅵ) 比
其他共存离子更容易被去除，当 pH 值接近 7 时，氨基功能化 MSP 的吸附
能力更强。

偕胺肟是另一种优良的两性配体，具有相同结构的酸性肟和碱性氨基位
点，通过将肟氧和氨基氮中的孤对电子提供给正金属中心，可与 U(Ⅵ) 形成
稳定的五元螯合物。Zhao 等提供了偕胺肟功能化 MS 去除铀的首次实例。通
过共缩合工艺将磁性 MS 材料（MMS）与偕胺肟（MMS-AO）官能化。当考
察水溶液中铀的去除情况时，在 pH 5 和 $T=298K$ 条件下，得到的最大吸附
量为 277.3mg/g，是 MMS（115.9mg/g）吸附量的两倍。此外，当存在不同
金属离子（Zn^{2+}、Ni^{2+}、Co^{2+}、Pb^{2+}、Cr^{3+}、Eu^{3+} 和 Ce^{3+}）的竞争时，
MMS-AO 对 U(Ⅵ) 表现出良好的选择性，即使经过多次循环，也能有效地
重复使用。Bayramoglu 等人进行了偕胺肟功能化 MS 的研究。首先通过原子
转移自由基聚合（ATRP）技术将原始 MCM-41 接枝聚丙烯腈（PAN），然后
分别用偕胺肟和羧基修饰。结果表明，偕胺肟改性颗粒对 U(Ⅵ) 的吸附能力
（442.3mg/g）高于羧基改性材料（296.7mg/g），表明偕胺肟基团对 U(Ⅵ)
的亲和力高于羧基。另一方面，偕胺肟和羧基功能化的吸附剂在经过十次再生
试验后仍能稳定地保持在初始值的 93%。Ji 和同事还通过后接枝和共缩聚的
方法制备了偕胺肟功能化的 SBA-15（AO@SBA-15），使用氰乙基（CN）功能
化具有血小板形状和短通道的 SBA-15 作为 AO@SBA-15 的前体。接枝改性后
的材料比共缩聚的试样具有更好的吸附能力，这可能是由于接枝方法的制备过
程比共缩聚方法复杂。

含有磷基官能团的有机分子（例如膦酸酯、磷酸盐或含磷衍生物）也表现
出对铀酰种类的良好结合，使其成为用作去除铀的螯合剂的首选。Yuan 和他
的同事在改性过程中以二乙基磷酰乙基三乙氧基硅烷（DPTS）为膦酸官能团
的主要来源，通过共缩合方法成功制备了平均粒径为 100nm 的高效膦酸官能
团化球形 MS。改变 pH 值、吸附剂含量、接触时间，在吸附剂表面 pH 值为
6.9 时，最大吸附量为 303mg/g，平衡时间为 30min。以 DPTS 和氨丙基三乙
氧基硅烷（APS）为修饰配体，由相同的研究人员通过后接枝法制备出膦酸氨

基双功能化 SBA-15（PA-SBA-15）。根据 Langmuir 模型，PA-SBA-15 在室温下 pH 5.5 时对 U(VI) 的最大吸附量为 244mg/g。在 Kleitz 小组报告的另一项研究中，通过接枝方法用 DPTS 对 KIT-6 和 SBA-15 载体进行了功能化。发现铀在这些功能材料上的吸附在 60s 内达到平衡，这是一个了不起的快速吸附过程。他们着重讨论了孔的大小、孔的形状和载体的网络对磷酸盐功能化材料对铀吸附性能的影响。使用三维立方 KIT-6 型吸附剂可以观察到令人印象深刻的吸附效果，其最大吸附能力范围为 54~56mg/g，与商业可用产品的吸附能力相比几乎增加了 3 倍。三维立方 KIT-6 载体具有高度互连的 3D 孔结构，具有大孔径和孔体积，提供了铀到吸附剂表面的高度可及性，从而提高了吸附性能。此外，这些功能材料在经过 5 次加载-提取-再生循环后仍保持良好的结构和化学稳定性，具有良好的重复使用性能。不久之后，Dudarko 等人考虑到前体的成本，使用廉价的偏硅酸钠作为二氧化硅来源合成了 DPTS 改性的 SBA-15 基体。采用单釜法制备了不同摩尔比（10∶1、10∶2、10∶3、10∶4）的偏硅酸钠和 DPTS MS 材料，并对其吸附铀进行了研究。结果表明，当 10∶2 摩尔比时对铀的最高吸附量为 54.5mg/g。

最近，Sarafraz 等通过水热法合成了一种 DPTS 改性的 MS 材料。结果表明，在 Pb、As、Cu、Mo、Ni、K 等元素存在下，材料对铀的吸附速度快（10min 内达到平衡），吸附量高（207.6mg/g）。三烷基膦氧化物（TRPO）对锕系元素在水溶液中的分离具有良好的亲和力，在放射性和酸性环境下具有较高的稳定性，已广泛应用于由我国提出的处理高废液（HLLW）中锕系元素的 TRPO 工艺。在这种情况下，Zhang 和同事通过共价键固定不同的烷基膦氧化物配体，开发了功能化 MS 材料，以研究从酸性溶液中去除铀。发现未官能化的样品仅在 pH>3.0 时才显示出对铀的吸附，而官能化的材料在强 HNO_3 溶液（1mol/L 和 2mol/L）中显示出吸附能力，这对于从放射性液体废物中去除铀具有实用价值。同一组研究人员进一步研究了这些功能化吸附剂的吸附性能，提供了补充信息，发现改性材料吸附动力学快，30min 内达到平衡。吸附等温线与 Langmuir 模型非常吻合，表明铀在改性材料上的吸附倾向于通过与吸附剂表面上的烷基氧化膦配体或硅烷醇基团配位，形成单层吸附。不幸的是，这些烷基氧化膦官能化材料在 pH 5 时如 $SBAV_{0.3}$-P(O)Pr$_2$ 样品只显示出中等吸附能力（仅 56mg/g）。其他种类的含磷衍生物，如磷酸三丁酯（TBP）、二乙基乙基膦酸酯（DEP）和二乙基磷酰胺基团（DEPA），也被用作铀吸附的螯合剂。值得一提的是，纯 SBA-15 材料比 DEP 功能化 SBA-15 基质（SBA-15-DEP）表现出更高的吸附能力。根据作者的分析，这种现象是由于 SBA-15-DEP 表面功能化的空间构型以及接枝过程中通道的堵塞造成的。

MS 材料具有较大的比表面积和独特的孔结构，使其具有容纳外来物种的巨大界面和功能化的可达性。考虑到用于修饰 MS 的各种配体，制备具有所需功能的 MS 的可能性是巨大的。功能化 MS 吸附剂对铀的去除具有良好的特性，如快速吸附动力学、显著的选择性和充分的可重复使用性。遗憾的是，硅基材料面临的一个重要限制是在酸性/碱性介质下已知的不稳定性。需要大力防止在吸附或再生过程中，吸附剂结构的坍塌。

3.3.2 吸附其他放射性核素

Bots 等人通过浸出实验与 XAS 分析相结合，发现胶体二氧化硅对 Sr 和 Cs 的迁移率产生了几种相互竞争的影响。首先，胶体二氧化硅中的阳离子与 Sr 和 Cs 争夺表面络合部位。其次，二氧化硅纳米颗粒增加了表面络合位点。最后，胶体二氧化硅内 pH 值的升高增加了黏土矿物和二氧化硅纳米颗粒的表面络合。XAS 分析表明，Sr 和 Cs 与土壤中的黏土矿物相主要通过球内表面复合物（Sr）和黏土基面 Si 空位位点（Cs）的络合作用形成。对于二元土壤胶体二氧化硅体系，一部分 Sr 和 Cs 配合物与无定形硅样表面通过形成外球表面配合物发生吸附。重要的是，与未经处理的土壤和废物相比，纳米二氧化硅的净效应是增加 Sr 和 Cs 的保留。他们的研究为胶体二氧化硅在遗留核设施风险管理策略中形成障碍的应用打开了大门。

实验证明，Sr 和 Cs 通过内球表面络合到黏土矿物（Sr）或伊利石-蒙脱石和/或高岭石的基面（Cs）并通过掺入伊利石-蒙脱石的中间层中而与黏土相互作用。与平衡脱附实验相比，即使盐水促进剂中的阳离子与 Sr 和 Cs 竞争吸附位点，胶体硅胶通过为外部提供大量的（二氧化硅）表面积，在高 pH 值条件下也导致分配系数增加即吸附量增加。Liu 等为选择性去除水中痕量放射性核素铯（Cs），制备了一种无毒、适用的普鲁士蓝（PB）和氨基化二氧化硅（A-SiO$_2$）纳米粒子表面改性聚偏氟乙烯（PVDF）膜。改性膜 PB/A-SiO$_2$/PVDF 对铯的选择性很高，在 3～9 的较宽 pH 范围内，膜的渗透通量大于 800L/(h·bar·m^2)。吸附实验表明，Langmuir 等温模型和准二级模型与实验结果吻合较好。在 Cs 初始浓度为 50mg/L 时，膜的最大吸附量为 10.95mgCs/g 膜（即 78.21mgCs/gPB-膜吸附剂）。基于 PB 的高 Cs 吸附量，在共存离子和有机物存在的条件下，膜对 Cs 的去除率可达 97.5% 以上，且处理时间超过 10h，滤膜经 NH_4Cl、H_2O_2 和 HNO_3 溶液再生后，去除率略有下降。该膜具有较高的膜通量和选择性去除效率，有望应用于含 Cs 污染水的处理。

3.4
黏土矿物

土壤和沉积物中的黏土矿物是土壤、沉积物、基岩等物质最重要的组成部分，是控制放射性核素环境化学行为和命运的重要固态介质，黏土矿物是一种细粒度的天然产物，是控制放射性物质在土壤中吸附、解吸、扩散、迁移等环境化学行为的关键因素。上述环境化学行为又进一步受到环境中不同介质之间的物理、化学、生物作用影响。放射性核素的地球化学性质受到土壤中的胶体颗粒、腐植酸、金属离子、微生物等多种因素影响。为全面了解和系统评估土壤中放射性核素的环境化学行为，需对土壤中放射性物质的吸附/解吸行为及其作用机制开展系统研究。

本节将综述黏土矿物作为吸附剂去除能源生产过程中与这些有害元素的作用及应用。如广泛研究的那样，层状硅酸盐、层状双氢氧化物能够从废水中提取出几种放射性核素。

3.4.1 层状硅酸盐

在各种黏土层状硅酸盐矿物中，高岭石和蒙脱石是两个最重要的物质，这既是由于它们在环境中的普遍存在性，又因为它们被认为是阻碍放射性核素等在核废料储存库中迁移的基础。

3.4.1.1 吸附铀

高岭石为 1:1 型层状铝硅酸盐，由两层氢键连接而成。每层由一个八面体氧化铝片和一个四面体二氧化硅片组成，它们通过内部顶点氧中心相互结合。在 pH 值大于 6 时，铀几乎 100% 吸附在高岭石上，这接近于高岭石零点电荷的 pH 值。吸附受到 CO_2 存在的影响，在存在 CO_2 的情况下，在 pH>8 时观察到吸附显著降低，而对于不含 CO_2 的系统则没有吸附降低。在这种条件下带负电荷的铀酰-碳酸盐配合物 $UO_2(CO_3)_3^{4-}$ 和 $UO_2CO_3(OH)^{3-}$ 与高岭石带负电荷的表面之间的静电排斥导致 U(Ⅵ) 吸附的降低。对 U(Ⅵ)-高岭石系统进行了 TRLFS 实验，并确定了两种具有不同荧光寿命的 U(Ⅵ) 表面物质吸附在高岭石上。进一步利用 EXAFS 光谱技术作为 TRLFS 的补充，提供高岭石表面 U(Ⅵ) 络合的结构信息。结果被解释为 U(Ⅵ) 与 $[Al(O, OH)_6]$ 八面体和/或 $[Si(O, OH)_4]$ 在中性 pH 条件下形成了内球配合物。

蒙脱石具有 2：1 层结构，由两层相对的四面体 SiO_4 和八面体 $Al(O,OH)_6$ 交替形成。八面体氧化铝板的一个羟基层在每个硅板的四面体顶端形成一个公共层。与高岭石对 U(Ⅵ) 的吸附相似，蒙脱石对铀的最大吸附出现在中性 pH 附近，在高 pH 值条件下，溶液中 U(Ⅵ)-碳酸盐配合物的存在降低了铀的吸附。水环境中溶液 pH 值和离子强度对蒙脱石吸附 U(Ⅵ) 的影响较大。在低 pH 值和低离子强度下，铀酰的 EXAFS 光谱与水性铀酰离子的光谱无法区分，表明 U(Ⅵ) 的吸附主要由阳离子交换位点上的外球络合物控制，然而，在 EXAFS 光谱中，铀氧配位壳层在 2.30Å 和 2.48Å 处分裂成两个不同的组分，证实了在中性 pH 和高离子强度条件下，在蒙脱石表面形成铀酰内球复合物。对蒙脱石边缘结合位点的进一步研究表明，铀酰离子优先结合在 $[Fe(O, OH)_6]$ 位点上，而不是 $[Al(O,OH)_6]$ 末端上。

Wang 等 2016 年还研究了铀在海泡石等其他黏土矿物上的吸附。同样，U(Ⅵ) 在海泡石上的最大吸附值是在 pH 值为 7 时，然后在 pH>7.0 且存在碳酸盐的情况下是降低的。通过 EXAFS 获得的结构数据表明，在约 3.16Å 处有分裂的 U-O$_{eq}$ 壳层和 0.6 个 Si 原子，这表明内球表面物种通过二齿构型在 SiO_4 四面体上配位。在存在碳酸盐的情况下，EXAFS 光谱中约 2.9Å 处出现的 U-C 壳层表明水-海泡石界面处存在 U(Ⅵ)-碳酸盐三元复合物。

虽然在铀吸附机制和黏土-水表面形态的基本认识方面取得了重大进展，但应该指出，这些系统的吸附能力可能太低，无法在实际应用中控制铀的流动性。此外，在高盐浓度或酸性条件下，它们也有低选择性的缺点。

3.4.1.2　吸附其他放射性核素

就铯而言，目前有一些众所周知的从废水中提取铯（或多或少具有选择性）的材料，如天然或合成沸石、硅钛酸盐和铁氰化物。然而，科学家们一直专注于经济可行和环境友好的 2：1 型层状硅酸盐材料的研究。在这些黏土矿物中，蒙脱石（MMT）比蛭石（约 270mmol/kg）和伊利石（约 150mmol/kg）具有更大的表面积、更稳定的化学性质、天然孔隙以及较高的阳离子交换容量

（CEC），具有更好的 Cs^+ 吸附能力（约 780mmol/kg）。在最近的综述中，Park 等人 2019 年研究了这些 2∶1 型黏土对铯的选择性和不可逆吸附。如图 3-6 所示，黏土矿物有五个不同的吸附位点：平面位置、边缘位置、磨损的边缘位置、层间位置和水化层间位置。作者解释说，^{137}Cs 可以在平面位置和边缘位置可逆吸附，也可以不可逆吸附在磨损边缘位置。作者提出了两种情况下的 Cs^+ 在伊利石上的吸附、迁移和不可逆固定机制。第一种机制是铯对磨损边缘位点（FES）的破坏。铯首先固定在 FES 上，导致 FES 的无序化，成为正常的层间位点。在这种情况下，Cs^+ 向更深的中间层迁移是可能的。第二种机制与 K^+ 和 Cs^+ 的保湿能量差异有关。由于 K^+ 的水化能高于 Cs^+，吸附到 FES 中的 Cs^+ 被脱水，使位于 FES 附近的 K^+ 水化。这种水合脱水现象允许在脱水的 Cs^+ 和水合的 K^+ 之间改变位置。因此 Cs^+ 不可逆地固定在层中。

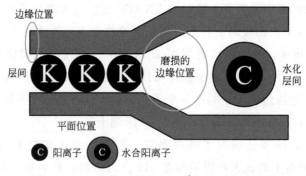

图 3-6　2∶1 层状硅酸盐上 Cs^+ 吸附位置的图示

在锶吸附方面，选择性锶吸附剂很少（主要针对钙）。在这方面，一些关于无机层状硅酸盐结构基阳离子交换剂去除 Sr^{2+} 的研究已经展开。Paulus 等人 1992 年对一种合成云母（Na-4-mica）很感兴趣，这种云母可以选择性地从废水中去除锶离子。根据细而均匀的颗粒尺寸，可用交换位点的数量是最大的，层间尺寸和电荷密度是锶扩散和最终捕获的理想材料。层间塌陷可有效固定锶，锶被捕获到一个三面体云母网络中，这是一个高度稳定的相，因为该空间具有巨大的哥伦布强度，使其保持紧密封闭。作者还强调指出，其他常见的二价离子（例如 Ca^{2+} 和 Mg^{2+}，水合半径大于 Sr^{2+}）没有在夹层之间。1995年，Kodama 等人由于正向的吸附热（$\Delta H = 30.62kJ/mol$）和负向的吸附自由能（$\Delta G = -10.69kJ/mol$），在 298K 的膨润土（来自巴基斯坦）上激发了吸热和自发的锶吸附。研究后他们强调，吸附过程更适合在较热的温度下进行，并且离子转移是主要的吸附方式。此外，互补阳离子的存在按照以下顺序减少了锶在膨润土上的吸附量：$Ca^{2+} > Mg^{2+} > K^+ > Na^+$。用少量 Sr 负载在膨润土上的地下水进行的解吸调查表明，大约 90% 的锶不可避免地吸附在膨润土上。Kodama 等 2001 年也对钠-4-云母（用更简单的方法合成）中 Sr^{2+} 的吸附和交换感兴趣。经过 4 周的平衡期，测定了两种 Na^+ 与一种 Sr^{2+} 的交换能力，锶交换容量达到了 2mequiv/g 左右。假设 Sr^{2+} 由于高库仑相互作用可以被封闭在钠-4-云母的双三角孔中。结果表明，Sr^{2+} 释放量较弱可能是由于位于中间层边缘的 Sr^{2+} 释放量较弱所致。经过 4 周的平衡时间后，在室温下达到了不可逆的钠锶交换等温线。作者认为，这种合成材料对 Sr^{2+} 和 Ba^{2+} 比 Ca^{2+} 和 Mg^{2+} 有更强的选择性。由于巨大的离子交换能力和较弱的锶浸出能力，这种特殊的 Sr 离子交换剂应适用于 ^{90}Sr 提取及其封闭。一些研究人员研究了天然黏土对锶的吸附。

Missana 等人 2008 年对锶在蒙脱石/伊利石混合物（之前在钠中电离）中的吸附行为产生了兴趣，提出了一种机理方法（而其他研究主要基于经验方法）。他们考虑了几个参数，如 pH 变化、放射性核素浓度和离子强度。在这种方法中，pH 依赖于在边界位置 M-OH（硅醇或铝醇位置）上的吸附。阳离子在阳离子转移位点上的吸附不依赖于 pH 值。相反，电解质中的阳离子吸附只发生在阳离子转移位点上。模型预测与实验吸附数据一致，突出了离子交换对锶吸附的主要贡献。

Yu 等人探索了在几个探索性参数（温度，离子强度，pH 和腐植酸）下 $^{90}Sr(II)$ 在 Na-蒙脱石（Na-MMT）上的吸附（2015 年）。作者强调，这种吸附极大地依赖于离子作用力和 pH 值。这样，在低 pH 值下，锶吸附主要由外球表面络合和 Na-MMT 表面上的 Na^+/H^+ 进行离子交换（而腐植酸可在 pH<7 时增强锶吸附）。相反，在高 pH 值下，内球表面络合是主要的吸附机理（腐植酸在 pH>7 时会降低锶的吸附量）。最后证明，锶在 Na-MMT 上的吸附是吸热和自发的。

Siroux 等人 2017 年提出了一个详尽的研究，通过提出多位点离子交换模型来确定 Sr^{2+} 在蒙脱石（一种纯 Na-MX80 蒙脱石）上的吸附。本研究提供了一个庞大的数据库，它是预测沉积物和土壤中锶吸附的有力工具。研究表明，锶在接触的前几分钟内达到吸附平衡，吸附量随着离子强度的降低而增加。

Wu 等 2012 年用 3-氨基丙基三乙氧基硅烷（APTES）或十二烷基硫酸钠（SDS）和十六烷基三甲基溴化铵（HDTMAB）两种烷基表面活性剂对钙蒙脱土（Ca-Mt）进行改性。通过间歇式实验研究了有机蒙脱石对 Sr^{2+} 的吸附行为。实验发现，在选定的条件下，APTES-Mt 的吸附能力为 65.6mg/g，高于 SDS-Mt、HDTMAB-Mt 和 Ca-Mt 的 26.85mg/g、3.91mg/g 和 13.23mg/g。

研究表明，Ca-Mt 对 Sr^{2+} 的去除主要是由于离子交换作用。而 APTES-Mt 和 SDS-Mt 的吸附分别是配体吸附和表面吸附的结果。

总而言之，核工业中最重要的环境问题之一是放射性废水处理，特别是含有危险的放射性核素如锶和铯的废水。最适合回收放射性核素的方法是对废液进行吸附处理。一些研究报道了黏土矿物（本质上是天然的）对锶的吸附，强调了良好的吸附能力。总之，不同黏土矿物的吸附行为取决于主要阳离子的存在。天然层状硅酸盐的主要相互作用是锶与层状硅酸盐之间的离子交换机制，有机接枝层状硅酸盐的主要相互作用是配体吸附。然而，研究这些层状硅酸盐的长期抵抗性是很合理的。元素的温度、压力和放射性可以降解层状硅酸盐结构，并导致有害元素的释放。

另一个途径与 Paulus 研究层间空间锶捕获的思路类似：通过层间硅酸盐的合成，可以考虑将放射性核素捕获到层间硅酸盐结构中。事实上，我们可以考虑在这些层状化合物合成期间或之后，使用层状黏土化合物在液体介质中进行放射性核素吸附和/或结构捕获。

除此之外，天然材料黏土的许多合成纳米材料（如沸石、水铝石等）对各种放射性核素具有更高的离子交换/吸附能力。分子筛（如菱沸石和纳米-CHA）已被用于探索从废海水中去除放射性铯并表现出极快的动力学，其吸附平衡在 1min 内建立，在紧急情况下，在含有 100mg/L Cs（Ⅰ）的海水中吸附容量约为 40mg/g Cs（Ⅰ）。吸附 Cs（Ⅰ）后，分子筛很容易从高矿化度溶液中析出，而铁絮凝剂的加入可以促进分子筛颗粒的析出。合成的磁性分子筛 A 和 Y 对 Cs（Ⅰ）和 Sr（Ⅱ）的去除率随着溶液 pH 值的增加而增加，而酸性介质对吸附过程以及 H^+、Cs（Ⅰ）和 Sr（Ⅱ）对沸石交换位点的竞争表现出抑制作用。磁性分子筛 A 对 0.01mol/L 溶液中 Sr（Ⅱ）的去除率为 95.2%，Cs（Ⅰ）的去除率为 81.4%，在 pH 值为 6 时 Cs（Ⅰ）的去除率最高可达 97%；当 pH 8 时，磁性分子筛 Y 对 Sr（Ⅱ）的吸附率为 91%。实际上，饱和的纳米复合材料可以促进吸附过程后的磁选。合成的纳米黏土矿物如纳米比氏矿（粒径 58～95nm）对水溶液中钴离子和锶离子的吸附能力分别为 2.97meq/g 和 3.04meq/g。为了进一步提高吸附能力，通过设计天然材料-聚合物复合材料进行了一些改进，例如：具有层状结构的铁-氨基黏土（FeAC）/羧甲基纤维素（CMC）/多面体低聚倍半硅氧烷（POSS）（FeAC/CMC/POSS）复合物被用作从水溶液中去除铯（Cs）的吸附剂。该复合材料对 Cs（Ⅰ）的吸附量为 152mg/g，由于其复合物的层状形态和黏土表面丰富的氨基（—NH_2）基团，以及 CMC 主链上存在羧酸盐（—COO）和羟基（—OH），这导致强烈的静电吸引和离子交换倾向（图 3-7）。更重要的是，POSS 的掺入增加了 Fe-氨基黏土的层间距，从而为 Cs（Ⅰ）的进一步包覆提供了空间。用聚丙烯腈-沸石纳米复合材料在固定床柱操作中去除 Cs（Ⅰ）和 Sr（Ⅱ），最大床容量为 0.085meq/g Cs（Ⅰ）和 0.128meq/g Sr（Ⅱ）。此外，用蒙脱石、$CoFe_2O_4$ 磁性复合材料和海藻酸钙珠混合去除 Cs（Ⅰ），其最大容量为 86.4mg/g，离子交换可以归因于配位反应。纳米膨润土（N-Bent）插层与油酸功能化后对 Co 和 Zn 的去除率分别为 115.64mg/g 和 189.54mg/g，对模拟放射性废水中 ^{65}Zn 和 ^{60}Co 的去除率分别为 96.4% 和 92.7%。同样，纳米膨润土、纳米聚苯胺和纳米氧化锰（N-Bent-NPANI-NMn$_3$O$_4$）组对水和放射性废水中的去除率分别为 94.0%～94.5%［^{60}Co（Ⅱ）］和 92.0%～93.0%［^{65}Zn（Ⅱ）］，较理想的条件是：^{60}Co（Ⅱ）和 ^{65}Zn（Ⅱ）的反应时间分别为 10min 和 20min，pH 值分别为 6 和 7。

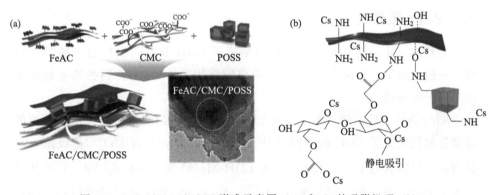

图 3-7　FeAC/CMC/POSS 形成示意图（a）和 Cs 的吸附机理（b）

3.4.2　层状双氢氧化物

天然层状双氢氧化物的发现可以追溯到 19 世纪 40 年代。此后，研究人员逐渐发现 LDH 在氧化还原反应和催化领域的光电催化等方面的潜在用途。

LDH 是一种典型的阴离子层状结构化合物，由带正电荷的主体层和客体层间阴离子通过非共价键相互作用组装而成。这是一种二维高度可调的类似水镁石的材料，其中一部分二价阳离子被三价阳离子取代，产生带正电荷的片层，并由插入层间区域的多价阴离子进行补偿。可交换阴离子可以是 NO_3^-、Cl^-、SO_4^{2-} 和 CO_3^{2-}，合成过程中一些水分子可能占据了层状结构之间的自由空间。

人们普遍认为，LDH 具有以下突出的结构特征：①多种选择性金属阳离子的存在使宿主层的化学成分得到精确控制；②高活性层间阴离子的种类和数量可以被取代，这有助于增强阴离子交换容量；③分层特性允许通过插入合适的阴离子来调整它们的尺寸和分布范围；④独特的记忆效应赋予了 LDH 对其原有分层结构的恢复能力。随着新型 LDH 基材料的开发和新的应用领域的扩展，由于 LDH 特殊的结构优势，使其在催化方面取得了显著进展。例如 Li 等 2009 年制备了具有较高催化活化能（60.5kJ/mol）的 MgCoAl-LDHs。此后，二维 LDH 材料在废水处理领域受到了广泛关注。早期，各种研究工作致力于小分子吸附的研究。由于其成本低、离子交换容量大、层电荷密度高、在组成和结构上的多功能性，LDH 被认为是一种很有前途的水溶液中捕获各种有害污染物的吸附剂。对其内在吸附机理的理解也不断进步。铀、钚、锶、锝和镅等放射性元素具有严重的危害性和持久性，其对人类健康和环境稳定的潜在危害引起了人们的关注。

3.4.2.1　吸附铀

到目前为止，已有几个研究小组报道了 LDH 及其衍生物用于脱铀的应用。一般情况下，阳离子/阴离子交换机制作用于 LDH 型材料去除金属离子或阴离子污染物。

Kulyukhins 课题组从事了不同 LDH 对 U(Ⅵ) 的吸附研究。比较典型的成绩是他们研究了 LDH 的不同成分（Mg、Al 和 Nd）对 UO_2^{2+} 的吸附，并且制备了层间含有 CO_3^{2-} 和 NO_3^- 的 LDH-Mg-Al 和 LDH-Mg-Nd，并将其用于水中 UO_2^{2+} 的去除。结果表明，LDH-Mg-Al 和 LDH-Mg-Nd 在层间空间对 CO_3^{2-} 和 OH^- 的吸附效果较好，而 LDH-Mg-Al 和 LDO-Mg-Al 对 U(Ⅵ) 的吸附效果较差。更重要的是，他们研究了从 Mayak 企业放射性化学生产的真实溶液中 LDH-Mg-Al-CO_3 对 ^{233}U 的吸附。结果表明，LDH-Mg-Al-CO_3 对 ^{233}U 的吸附能力较强，在液固比为 500mL/g 和 1000mL/g 时，分布系数（K_d）分别为（6980±183）mL/g 和（9520±241）mL/g。

在这项工作的基础上，他们进一步探索了水溶液中络合阴离子（H_2EDTA^{2-}、$C_2O_4^{2-}$、CO_3^{2-}）对 U(Ⅵ) 在 LDH-Mg-Al-CO_3 和 LDH-Mg-Nd-CO_3 上吸附的影响。结果表明，两种吸附剂对 U(Ⅵ) 的吸附量与溶液中被研究络合配体的浓度密切相关。10^{-3}mol/L H_2EDTA^{2-} 的存在对 LDH-Mg-Al-CO_3 和 LDH-Mg-Nd-CO_3 上 U(Ⅵ) 的吸附没有影响，而当 H_2EDTA^{2-} 的浓度增加到 10^{-2}mol/L 和 5×10^{-2}mol/L 时，U(Ⅵ) 的 K_d 值急剧下降。在

$C_2O_4^{2-}$ 和 CO_3^{2-} 存在下，U(Ⅵ) 的吸附也有类似的趋势。吸附 U(Ⅵ) 的 K_d 值降低归因于溶液中形成了 $(UO_2)_2$EDTA、$UO_2(CO_3)_3^{4-}$ 和 $[UO_2(C_2O_4)_n]^{(2n-2)-}$（$n=2\sim4$）等复合物。这些发现为 LDH 在实际应用中对铀污染水的修复提供了有力的指导。

Wang 的课题组开发了一系列以 LDH 为基础的材料，以便从水溶液中去除铀。首先，他们通过在磁性 Ca-Al LDH 上原位生长纳米羟基磷灰石合成了磁性复合材料（CMLH），然后煅烧。当与 50mg/L 铀溶液接触时，所制备的 CMLH 复合材料能够从水中去除 97%～98.5% 的铀，最大吸附容量为 207.9mg/g，远高于在超声处理辅助下合成的未官能化的 Ca-Al LDH（54.79mg/g）。CMLH 对铀的高吸附能力主要归因于 LDH 和羟基磷灰石之间的协同效应，而磁性基质很少有助于铀的去除。

随后，他们将柠檬酸引入 Mg-Al LDH（磁性柠檬酸·Mg-Al LDH）中，通过在铀和柠檬酸之间形成螯合配合物来增强吸附能力。铀吸附研究表明，在 pH 值 6 时可获得最大吸附量，在 25℃ 时可提供 180mg/g 的吸附量。通过在 Ni-Al LDH 纳米片上原位生长碳包覆的 Fe_3O_4 纳米颗粒（Fe_3O_4@C），合成的 Fe_3O_4@C@Ni-Al LDH 复合材料也具有类似的性能。在 pH 6.0 时的吸附量最大，25℃ 时的吸附量为 174.1mg/g，远远高于 Fe_3O_4@C 的吸附量。Fe_3O_4@C 纳米颗粒为铀的吸附提供了额外的活性位点，从而提高了吸附能力。但 Fe_3O_4@C@Ni-Al LDH 可重复利用性较低，三次循环利用后吸附量降至 138.2mg/g。他们还以沸石咪唑酸框架-67(ZIF-67) 为模板，成功合成了分层结构的 Mg-Co LDH。首先通过在 4.0～8.0 范围内改变 pH 值来测量吸附。吸附量在 pH=5.0 时达到最大值，随着 pH 值的进一步升高，吸附量逐渐减小。作者认为，随着 pH 值在 5.0～8.0 范围内逐渐增加，UO_2^{2+} 的水解产物含有更多的羟基，这阻碍了 UO_2^{2+} 与 Mg-Co LDH 表面 Mg-OH 和 Co-OH 位点的结合，从而导致铀吸附能力的下降。此外，在 pH 5.0 下绘制吸附等温线，在高铀浓度下，饱和吸附量为 915.61mg/g，超过绝大多数报道的 LDH。最后，XPS 结果证实了铀（Ⅵ）的吸附机理是由于铀酰离子具有较大的表面积和中空结构，使其首先与 LDH 充分扩散并相互作用，然后结合大量的 Mg-OH 和 Co-OH 活性位，这合理地解释了铀具有高吸附量的原因。

在过去的三年里，Wang 领导的另一个团队也对 LDH 基材料捕获 U(Ⅵ) 进行了大量的研究。例如，合成了棒状三元 LDH(Ca-Mg-Al LDH) 及其煅烧产物（Ca-Mg-Al LDO_x，$x=200℃$、300℃、400℃、500℃ 和 600℃），以从水溶液中去除铀。研究发现，在高温下，U(Ⅵ) 的吸附量随煅烧温度的升高而增大；在 500℃ 时达到最大值 486.8mg/g，在 600℃ 时下降到 373.4mg/g。在 $T<600℃$ 下吸附量的增加归因于更多的表面活性位点以及随着煅烧温度的升高，Ca-O 或 Al-O 键提供的记忆效应，而在 $T=600℃$ 时 U(Ⅵ) 吸附的减少可以归因于 Ca-Mg-Al LDO_{600} 缺乏记忆效应和增强的尺寸效应。这些结果表明，可以通过调节焙烧温度来控制 U(Ⅵ) 在这些吸附剂上的吸附，并强调了 U(Ⅵ) 与各种金属-氧化物键的相互作用的重要性，这对今后的吸附剂设计具有重要价值。但是，目前还没有关于选择性和可重现性的研究。

随后，以层状 g-C_3N_4 和棒状 Ni-Mg-Al LDH 为底物，通过水热法合成了类似棉花的复合材料（g-C_3N_4@Ni-Mg-Al LDH）。在 2.0～11.0 范围内改变 pH 值进行吸附实验。在低 pH 值下（pH<5.0）时，U(Ⅵ) 在 g-C_3N_4@Ni-Mg-Al LDH 上的吸附率随着 pH 值的增加从 8% 快速上升到约 80%。作者认为，当 pH> 5.0 时，可以保持较高的 U(Ⅵ) 吸附百分率，这归因于表面沉淀的形成。单一 Ni-Mg-Al LDH、单一 g-C_3N_4 和 g-C_3N_4@ Ni-Mg-Al LDH 复合材料在 pH=5 和 298K 时的最大 U(Ⅵ) 吸附量分别为 59.8mg/g、31.1mg/g 和 99.7mg/g。吸附能力增强的原因是 Ni-Mg-Al LDH 表面存在金属-氧官能团（如 Mg-O、Al-O 和 Ni-O）与 g-C_3N_4 提供的含氮官能团［如 C≡N—C、HN—$(C)_2$ 或 N—$(C)_3$］的协同作用，XPS 结果进一步证实了这一点。在 LDO 体系中也发现了强的协同效应。其他学者也对 LDH 型吸附剂吸附铀的研究做出了贡献。例如，在超声照射下通过共沉淀法合成未功能化的 Fe-Al LDHs，可促进 U(Ⅵ) 的吸附。当与 10mg/L 铀溶液接触时，Fe-Al LDHs 在 pH=6 和 289K 时观察到 U(Ⅵ) 的最大吸收率，饱和吸附容量为 99.01mg/g。然而，Fe-Al LDHs 的吸附效率在三次重复使用后显著下降，从 89.5% 下降到 12.5%，这是由于 Fe-Al LDHs 结构中的 Fe^{2+} 部分氧化为 Fe^{3+} 所致。最后，通过 FT-IR、EDX 和 XPS 的结果提出了复合吸附-还原过程的可能机理。研究发现，UO_2^{2+} 首先通过物理吸附吸附到 Fe-Al LDHs 表面，然后吸附的 U(Ⅵ) 大部分被 Fe(Ⅱ) 还原为 U(Ⅳ)，Fe(Ⅱ) 则被氧化为 Fe(Ⅲ)。

Ma 等人将多硫化物阴离子 $[S_x]^{2-}$（$x=2,4$）引入到 LDH（Mg/Al LDH）的空间中，构建了一种新型的 S_x-LDH 复合材料，可选择性地从水溶液中去除铀。S_x-LDH 复合材料利用硫化物配体与 UO_2^{2+} 的强相互作用，可达到 99.97% 的 U(Ⅵ) 去除率，去除量高达 330mg/g。更重要的是，即使存在非常大的、过剩的竞争离子（如 Na^+ 或 Ca^{2+}），S_x-LDH 对 UO_2^{2+} 仍显示了极好的选择性。根据 S_4-LDH：UO_2^{2+} 摩尔比的不同（图 3-8），UO_2^{2+} 的吸收机理是通过保留在 LDH 夹层中的 $[UO_2(S_4)_2]^{2-}$ 阴离子络合物的形成或在

LDH 外部生成中性 UO_2S_4 盐来实现的。尽管制备 LDH 是去除铀体系的一种可行、简便的方法，但仍存在一些缺点和挑战需要解决：①吸附动力学缓慢，选择性有限；②LDH 的前体金属可能释放到溶液中，特别是在酸性条件下；③LDH 的回收再利用比较困难。表 3-6 总结了 LDH 基材料在水溶液中吸附铀的性能。

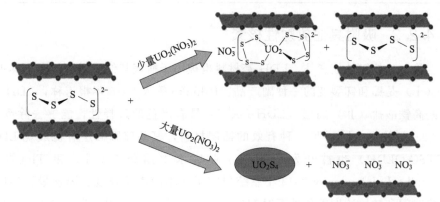

图 3-8　低浓度和高浓度 $UO_2(NO_3)_2$ 存在下 $[S_4]^{2-}$ 插层 Mg/Al LDH 的吸附机理

表 3-6　LDH 基材料对铀的吸附性能

吸附剂	pH	温度/K	吸附量/(mg/g)	平衡时间/h	选择性	动力学模型	等温线模型
CMLH	6	298	207.9	1	—	PSO	Langmuir
磁性柠檬酸·Mg-Al LDH	6	298	180	4	—	PSO	Freundlich
Ca-Al LDHs	4	298	54.79	—	与 Cl^-、NO_3^-、Na^+、Ca^{2+} 共存	PSO	Langmuir
Fe_3O_4@C@Ni-Al LDH	6	298	174	3	—	PSO	Langmuir
Mg-Co LDH	5	298	915.61	3	—	PSO	Langmuir
Ca-Mg-Al LDH	5	298	132.5	—	—	PSO	Sips
Ca/Al LDH-Gl	5	298	266.5	7	—	PSO	Sips
Ni/Al LDH-Gl	5	298	142.3	4	—	PSO	Langmuir/Sips
LDH/GO	4.5	293	129.87	6	—	PSO	Langmuir
PDA@MgAl-LDHs	4.5	298	142.86	2	—	PSO	Langmuir
SiO_2@LDH	5	298	303.1	4	—	PSO	Langmuir
Fe-Al LDHs	6	298	99.01	2	—	PSO	Langmuir
g-C_3N_4@Ni-Mg-Al LDH	5	298	99.7	3	—	PSO	Sips

吸附剂	pH	温度/K	吸附量/(mg/g)	平衡时间/h	选择性	动力学模型	等温线模型
LDO-C	5	298	354.2	2	—	PSO	Langmuir
S_4-LDH	4	298	330	3	与各种阳离子共存	—	—

3.4.2.2 吸附其他放射性核素

除上述放射性核素外，LDH 基材料也被用于捕获其他放射性核素。其中，铯（Ⅰ）是铀和钚裂变的一种副产品。Pshinko 等人 2015 年报道称，LDH 与六酰高铁酸盐（Ⅱ）插层（LDH-FeCN）具有出色的选择性，能够去除废水中 99.8% 的 Cs（Ⅰ）。另一种有效的插层材料，氨基硫脲插层有机煅烧 LDH（ETSC-OLDH）也被开发用于从工业废水中捕获 U（Ⅵ）和 Th（Ⅳ）。Anirudha 和 Jalajamony 2013 年系统研究了在不同离子强度、固含量、温度、反应时间和初始浓度等条件下对 U（Ⅵ）和 Th（Ⅳ）的吸附行为，发现 Th（Ⅳ）的吸附比 U（Ⅵ）离子的吸附更有利。虽然进行了系统的宏观研究，但对 ETSC-OLDH 与放射性核素离子之间的微观分析和详细的相互作用机制并没有提及或解释清楚。

Kameda 等 2015 年开发了一种功能化的 LDH 来吸附 Sr^{2+}。嵌入三亚乙基四胺六乙酸（TTHA）的 Li-Al LDH 可以通过 TTHA 的金属螯合功能进行吸附。与 Sr^{2+}（最佳吸附能力为 0.5mmol/g）相比，LDH 对 Nd^{3+} 的优先吸附能力为 0.6mmol/g。该团队还对 Li-Al LDH 与乙二胺四乙酸酯（EDTA）交错吸附 Sr^{2+} 以及这种插入物种的金属螯合功能感兴趣。然而，这种 LDH 对 Sr^{2+} 的吸附能力低于 Li-Al LDH。由于 Sr-EDTA 络合物的不稳定性，LDH 被 TTHA 夹在中间。EDTA-Li-Al-LDH 对 Nd^{3+}/Sr^{2+} 的吸附选择性高于 TTHA-Li-Al-LDH。最后，制备了使用碳纳米点吸附 Sr^{2+} 的改性 $MgAl-NO_3$ LDH，使材料的吸附能力随着碳纳米点数量的增加而增强。这一现象可以用碳纳米点的—COO^- 基团与 Sr^{2+} 的配位来解释。还研究了用氧化石墨烯改性的 LDH 对 SeO_4^{2-} 和 Sr^{2+} 的共吸附作用。也研究了用氧化石墨烯修饰的 LDH 对 SeO_4^{2-} 和 Sr^{2+} 的共吸附。在这种情况下，该化合物对 Sr^{2+} 的吸附量为 1793mmol/g。Sr^{2+} 的固定化是由于离子相互作用和配体与醇氧阴离子交换引起的。

到目前为止，已经详细介绍了几种 LDH 材料。然而，组成层间空间中的阴离子和位于层中的金属组合的数量几乎是无限的。因此，一些研究人员对将放射性核素整合到 LDH 的结构很感兴趣。然而，Bravo-Suarez 2004 年在其综述中强调，由于许多 M^+ 金属的离子半径与 Mg^{2+}（即 Cs^+、K^+、Fr^+、Rb^+、Au^+、Ag^+ 和 Tl^+ 等）的离子半径有很大差异，这些 M^+ 金属不能引入 LDH 层中。在 Sr^{2+} 和 Ba^{2+} 等二价金属中也发现了同样的问题。

事实上，只有一项研究报道了 Sr(Ⅱ) Fe(Ⅲ) 层状双氢氧化物的合成。Sranko 在他的论文中，尝试用 NaOH（超过 10mol/L）通过共沉淀法合成这种材料。前驱体为三水合高氯酸锶和水合高氯酸铁 [所用的盐 Sr(Ⅱ)：Fe(Ⅲ) 的摩尔比为 3：1]，（辅）助剂为高氯酸和氢氧化钠。所得材料由白色薄片组成，Sr(Ⅱ)：Fe(Ⅲ) 比值为 2.91。但是，即使在高碱性条件下，固体的 X 射线衍射图也表明 LDHs 未出现（由于夹层约 6Å，小于 LDH 的典型下限）。作者得出的结论是，虽然 LDH 可以用锶配制，但它们没有层状结构。

在过去的几十年里，Wang 的团队主要致力于高级功能纳米吸附剂的设计和合成，并取得了一些成果。最近，他们研究了放射性毒性高、半衰期长的危险锕系元素 [^{241}Am(Ⅲ)] 的分离。在他们最初的研究中，所获得的 LDO 和 LDO-C 材料被证明是 ^{241}Am(Ⅲ) 捕获的备选材料之一。最重要的是，动力学结果表明 ^{241}Am(Ⅲ) 在 LDO-C 上的吸附机理主要是一个化学吸附过程。另一种多功能装饰 LDH 材料，Ca-Al-LDH@CNTs，考虑到其丰富的含氧官能团，Chen 等人也选择了它作为研究对象。在这项工作中，作者证明了 ^{241}Am(Ⅲ) 对 Ca-Al-LDH@CNTs 的去除率随着初始 pH 值从 3.0 到 8.0 的增加而增加，这是由于目标离子与 Ca-Al-LDH@CNTs 上的羧酸盐、金属氧化物或羟基之间的相互作用。这些综合研究为处理含 Am(Ⅲ) 放射性废水提供了广阔的科学前景。

^{99}Tc 是锝的一种同位素，主要在人工核裂变反应中产生，一般以 TcO_4^- 的形式存在于核废料流中。众所周知，TcO_4^- 具有很大的环境流动性，对地下水构成潜在的风险。一般认为，离子交换是保证 TcO_4^- 截留的最可行策略。LDHs 由于其特殊的离子交换性质而闻名于世，因为它的层状结构中含有可交换的阴离子。受此启发，Kang 等 1996 年报道了 LDH 通过离子交换机制对 TcO_4^- 和 ReO_4^- 的吸收能力极强的实验结果。考虑到层间碳酸根离子消失的优势，他们进一步发现在 TcO_4^- 和 I^- 阴离子处理中，煅烧后的 LDH 比未煅烧的 LDH 具有更高的交换容量。除煅烧处理外，他们还认为 LDHs 中金属阳离子和层间阴离子的摩尔比是 TcO_4^- 吸附过程的影响因素。根据 Wang 和 Gao 2006 年的研究，可以得出，在结晶度最高的 LDHs 中，M(Ⅱ)/M(Ⅲ) 比为

$3:1$ 是最优的，对 TcO_4^- 的捕获能力最好。由于 CO_3^{2-} 的层间结合较强，含有层间阴离子 NO_3^- 的 LDHs 对 TcO_4^- 的吸附性能优于含有 CO_3^{2-} 的 LDHs。毫无疑问，本研究对分析层状结构材料的结构-性能关系具有一定的指导意义。

3.4.3　金属氧化物

金属氧化物普遍存在于被污染和自然的环境中，作为许多类型的岩石或土壤的组成部分，这也对铀等放射性核素在环境中的迁移过程起着至关重要的作用。从文献中可以获得对金属氧化物表面的铀吸附的各种研究，其中应用了光谱和理论计算技术来研究吸附机理。

3.4.3.1　吸附铀

氧化铝（Al_2O_3）是铀吸附研究中常用的金属氧化物之一，已作为一个模型系统来阐明在氧化物-水界面上形成的表面铀络合物。Moskaleva 等人通过 DFT 计算，检测了在水合的石墨烯-Al_2O_3（0001）表面的铀酰内球和外球面配合物。他们通过计算预测，外球面复合体的形成似乎有利于无缺陷的完全质子化表面，而内球面复合体的形成则被发现在能量上不利。Muller 等人采用原位振动光谱和 EXAFS 光谱相结合的方法研究了 U（Ⅵ）在 γ-Al_2O_3 上的表面反应。铝水界面的 ATR FT-IR 光谱实验证明了三种不同物种的形成（单体碳酸盐表面络合物，低聚表面络合物，表面沉淀）是表面 U（Ⅵ）负载的函数，EXAFS 光谱结果进一步支持了这一点。Tan 等人在模拟酸条件下使用周期性 DFT 计算检测了在 γ-Al_2O_3（100）和（110）表面上的 UO_2^{2+} 吸附。作者提出铀酰离子通过内球面、双齿络合机制吸附在 γ-Al_2O_3 表面，这与现有 TRLFS 和 EXAFS 数据符合得很好。

氧化铁，特别是磁铁矿（Fe_3O_4），由于其丰富、成本低、反应活性高、易分离等优点而受到人们的青睐。磁铁矿在铀吸附中的作用也得到了广泛的研究，从在磁铁矿表面形成纯表面配合物到完全还原 U（Ⅵ）到 U（Ⅳ），到形成混合价态 U（Ⅳ）-U（Ⅵ）相或 U（Ⅴ）-U（Ⅵ）相，但无 U（Ⅳ），发现结果大不相同。有证据表明，磁铁矿的可变化学计量比 Fe（Ⅱ）/Fe（Ⅲ）摩尔比（x）影响磁铁矿还原 U（Ⅵ）的速率和程度。对 $x \geq 0.38$ 的部分氧化磁铁矿，观察到 UO_2（铀矿）纳米粒子在 U（Ⅵ）还原为 U（Ⅳ）的过程中形成，而对于氧化程度较高的磁铁矿（$x < 0.38$）和磁赤铁矿（$x = 0$），吸附 U（Ⅵ）是观察到的主导相。而对于进一步氧化的磁铁矿（$x < 0.38$）和磁赤铁矿（$x = 0$）则以吸

附 U(Ⅵ) 为主要相。结果的差异还与磁铁矿表面结构、成分和缺陷结构密度的变化以及实验条件的不同有关。

二氧化钛（TiO_2）因其高的化学稳定性和在较宽的 pH 范围内溶解度可忽略不计而受到特别的科学关注。TiO_2 主要以锐钛矿（四方）、金红石（四方）和布罗克石（菱形）三种形态存在，最常见的相为锐钛矿和金红石。在天然金红石 TiO_2 粉末中发现了三个主要的晶体表面：（110）表面 Ti、O 质量比为 60%，（101）和（100）表面质量比均为 20%。由于原子排列简单，金红石（110）表面是研究 UO_2^{2+} 物种吸附和获得已形成的表面吸附配合物结构信息的良好选择（图 3-9）。事实上，利用 EXAFS 和 TRLFS 的辅助光谱技术，已经广泛报道了 TiO_2 [特别是在 TiO_2 的（110）面] 上对铀的吸附。在此基础上，提出将铀酰离子与金红石（110）表面的相互作用机理解释为铀酰离子在金红石（110）表面形成两种表面双齿配合物，其比例取决于 U(Ⅵ) 的表面负载。在较低的 U(Ⅵ) 负载量下，在两个桥氧原子上形成了双齿内球配合物，而另一种配合物则是在较高的 U(Ⅵ) 表面负载量下与一个桥连氧原子和一个端基氧原子结合形成的。还进行了 DFT 计算，以探索吸附在 TiO_2 的（110）面上的 U(Ⅵ) 的局部原子结构。结果表明，与两个桥基氧原子相连的铀酰离子或与一个桥联氧原子和一个端基氧原子相连的铀酰离子结构比与两个端基氧原子连接的铀酰离子结构更稳定，这与实验数据具有良好的一致性。这些组合的研究也表明了光谱和理论技术的意义和互补性。

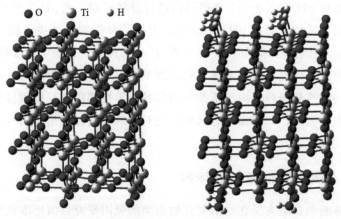

图 3-9 GGA-PW91 优化的理想无水（左）和部分水合的（右）
金红石（110）表面纳米粒子团簇（SNCs）

氧化锰（MnO_2）也能对铀的迁移产生重要的化学影响，尽管它可能只是地表亚层中的一个次要组分。Webb 等人提出了生物锰氧化物吸附 U(Ⅵ) 的第一个综合模型。EXAFS 实验表明，U（Ⅵ）在低 U（Ⅵ）浓度时以强双齿状表面络合物存在，而在高 U（Ⅵ）浓度时，铀酰主要以三齿状配合物存在于 Mn 氧化物结构的隧道中。Wang 等人进一步研究了反应机理。无机锰氧化物表面络合模型表明，在 MnO_2 表面形成了内球单齿（—MnO）$_2UO_2$、双齿（—MnO）$UO_2(OH)_2^-$ 和三齿（—MnO）$_2UO_2(CO_3)_2^{4-}$ 配合物，这与其 EXAFS 分析结果一致。值得一提的是，Mn（Ⅱ）氧化发生在各种各样的环境中，并且可能被多种细菌和真菌催化。不利于涉及 U（Ⅵ）还原的铀去除过程，因为它们可以将固相 U（Ⅳ）产品重新氧化为可溶性 U（Ⅵ）。因此用于分离铀的 MnO_2 的可用性需要在未来工作中进行更多的研究。

与黏土矿物相似，虽然铀对各种金属氧化物的微观行为已得到很好的预测和研究，但由于这些金属氧化物的吸附能力和选择性较差，因此作为脱铀吸附剂的效用有限。近年来，一些合成金属氧化物纳米颗粒已被评估用于从水溶液中去除铀。在纳米尺度上生产时，金属氧化物的表面积可以增大，有利于对铀的吸附。此外，金属氧化物纳米颗粒的优良性能，如粒子内扩散距离短，表面反应位点丰富（如角、边、空缺）和功能化的简易性，使其成为很有前途的铀吸附剂。例如，在超临界 CO_2 存在的情况下，通过水热法合成了一种 γ-Al_2O_3 纳米薄片，并用于从水溶液中去除铀。批量实验在 pH3.0～12.0 范围内进行，结果表明，在 pH＝5 时，U（Ⅵ）的吸附量最大，吸附量适中，为 4.66mg/g。纳米磁铁矿是在氮气气氛下加热天然菱铁矿制备的，用作铀的吸附剂。首先在 pH 值 2.0～11.0 范围内进行分批实验。在 pH 2.0～6.0 时，对铀的吸附明显增加，而在 pH＞7.0 时，对铀的吸附明显减少。通过吸附等温线研究了最大吸附量，但在 pH＝2.5 和 T＝328K 时，得到了适度的 4.93mg/g 的最大吸附量。可见，这些金属氧化物纳米颗粒对铀的吸附能力并不理想。此外，这些细小或超细粒子由于范德华力和各向异性偶极相互作用容易团聚，导致活性丧失。因此，如何提高金属氧化物对铀的吸附性能是一项具有挑战性的任务。

3.4.3.2 吸附其他放射性核素

关于镎酰和钚酰离子在纳米氧化物表面的吸附研究目前还不是很多，有待进一步探索。2014 年，Jan Tits 等通过湿法化学实验研究了在碱性水溶液中二氧化钛（TiO_2）和硅酸钙水合物（C-S-H）对不同氧化态的镎（Ⅳ、Ⅴ和Ⅵ）配合物的吸附。结果表明两种固体对镎（Ⅴ和Ⅵ）的吸附与它们溶液的水解程度密切相关。当 pH＝10 时，两种固体对这三种氧化态离子均有较强的吸附能力和相同的吸附分配比率 R_d 值，并随 Np（Ⅴ）和 Np（Ⅵ）水解的进行而降低。随着 pH 值的增加，Np（Ⅴ）和 Np（Ⅵ）在 TiO_2 上的吸附 R_d 值显著降低，而随着 Ca 浓度的增加，这两种氧化态的 R_d 值都较高。但 pH 值和 Ca^{2+} 浓度对 Np（Ⅳ）的 R_d 值影响不明显。

2013 年 Romanchuk 等在赤铁矿悬浮液中加入总浓度为 10^{-14} mol/L 的 Pu（Ⅵ），观察到 PU（Ⅵ）吸附的缓慢动力学是由表面的氧化还原反应引起，而不是由表面饱和吸附引起。根据他们的实验数据认为在非常低的 $[PU（Ⅵ）]_{tot}$，即接近于全球沉降物浓度的 10^{-14} mol/L 时，相对快的吸附动力学和浸出行为表明形成了表面物种：单体≡FeO═Pu(OH)$_x$，在浓度＞10^{-9} mol/L 时，表面的 Pu（Ⅴ/Ⅵ）还原导致主要含 Pu 物种 $PuO_{2+x}·nH_2O$ 纳米晶体的形成，可能还有一小部分化学吸附物种。而纳米粒子的形成会抑制 PU（Ⅵ）在赤铁矿中的潜在迁移。此外，人们还发现来自核废料地质储存地之一 Yucca 山（美国）凝灰岩样品中的红铁矿能将 PU（Ⅴ）氧化到 PU（Ⅵ）。

代淑慧研究了具有核壳结构的磁性纳米复合材料 $Fe_3O_4@C@MnO_2$ 合成方法。随后用各种技术表征了材料，并进一步通过动力学和热力学实验、选择性、循环性分析、模拟水实验等，探究了材料的吸附性能和构效关系，并揭示了其对铀和铕离子的吸附行为影响。另外，进一步描述了材料在吸附中的应用。最后在宏观实验和微观表征的基础上，提出吸附边缘与 pH 有关，但与离子强度相关性较弱，说明材料和放射性核素的相互作用主要以内球表面络合为主。此外，在 pH＝5.0 和 T＝298K 时，U（Ⅵ）的最大吸附容量达到 77.71mg/g，Eu（Ⅲ）的最大吸附容量是 51.01mg/g。分析热力学参数值进一步表明，吸附是一个自发且吸热的过程。饱和磁化强度为 39.32Am^2/kg，这足以从水溶液中通过外部磁铁分离。吸附/解吸循环解吸实验表明 $Fe_3O_4@C@MnO_2$ 具有良好的循环再生性能。机理研究揭示了 $Fe_3O_4@C@MnO_2$ 对 U（Ⅵ）和 Eu（Ⅲ）的吸附是静电吸引和表面络合。$Fe_3O_4@C@MnO_2$ 在天然、合成地表水和合成地下水对 U（Ⅵ）和 Eu（Ⅲ）的优异吸附能力进一步证明了其在实际废水处理中的应用价值。

总之，该研究为二氧化锰及其改性材料的构建和实际应用研究提供了实验和理论指导。同时，$Fe_3O_4@C@MnO_2$ 纳米材料合成简单、成本低廉、可同时提高材料的稳定性和吸附能力，因此其有望为制备高效吸附剂和富集废水中放射性核素研究方面提供一种新的战略思路。

众所周知，纳米 TiO_2 和钛酸盐基纳米结构在辐射、化学、热和机械条件下都是稳定的，而且由于它们在去除废水中的放射性阳离子方面的优异性能，它们很有前途。例如，纳米 TiO_2 对 $^{99}MoI(VI)$ 的最大吸附容量为 $(141\pm2)mg/g$，具有对 TcO_4^- 高的放射化学纯度（$\geqslant97\%$）和对 ^{99}Tc 高的放射性核素纯度（$\geqslant99.99\%$）。Wang 等人研究了在腐殖质存在或不存在的情况下纳米 TiO_2 对放射性核素 $^{60}Co(II)$ 的吸附。$^{60}Co(II)$ 离子在纳米 TiO_2 上的吸附具有强烈的 pH 依赖性，表明可能存在表面络合作用或强烈的化学吸附作用，而 $Pu(VI)$ 在纳米 TiO_2 上的吸附与离子强度无关，这实际上是通过纳米 TiO_2 表面内球络合物的形成来实现的。Tan 等报道了纳米 TiO_2 对 $Eu(III)$ 的 pH 依赖吸附，发现在 pH 值为 $2\sim4$ 时对 $Eu(III)$ 的吸附较慢，在 pH 值为 6 时吸附较快。此外，当 pH 值为 4.63 时，纳米 TiO_2 通过在纳米 TiO_2 表面形成 Ti-O-Th 络合物来去除 $94\%Th(IV)$。用多官能团例如聚丙烯酰胺（PAAm）和聚苯乙烯磺酸钠（SSS）对纳米 TiO_2 进行改性，得到的 TiO_2/PAAm SSS 具有比表面积大、官能团丰富、去除放射性核素效率高的特点，对放射性 $Cs(I)$、$Co(II)$ 和 $Eu(III)$ 的吸附容量分别为 $120mg/g$、$100.9mg/g$ 和 $85.7mg/g$。在另一项工作中，在 Fe_3O_4 表面沉积了一种聚多巴胺（PDA）涂层的 TiO_2 薄膜。在模拟海水中，TiO_2 对 $UI(VI)$ 的吸附表现出良好的吸附效率。例如，在初始 $U(VI)$ 浓度为 $5.89mg/L$、$11.47mg/L$ 和 $30.33mg/L$ 时，$U(VI)$ 可以通过其与 PDA 和 TiO_2 薄膜的—OH、—NH_2 和 Ti—O 基团的相互作用去除 $U(VI)$，去除率分别为 96.45%、94.88% 和 89.94%。此外，Majidnia 等人发现，在自然光照射下，用藻酸盐和 PVA 固定的纳米 TiO_2 和磁性纳米粒子（纳米 TiO_2-PVA-藻酸盐）可以去除 99% 的 $Ba(II)$ 和 9% 的 $Cs(I)$。

3.5
纳米零价铁（nZVI）等金属纳米粒子

3.5.1 nZVI 吸附铀等放射性核素

纳米零价铁（nZVI）由于其独特的尺寸依赖特性（如比表面积大和活性位点多），在消除放射性核素方面引起了全世界的关注。nZVI 在地下水处理和废水修复方面提供了几个优势，包括：①更快的降解动力学；②还原剂用量的减少；③更广泛的污染物处理范围；④更好的多孔介质流动性；⑤有毒中间体释放的风险可控。然而，nZVI 仍存在一些不良影响，阻碍了 nZVI 的实际应用。裸 nZVI 粒子容易团聚，导致表面积减小，反应性和迁移率降低，从而阻碍 nZVI 在现场应用中的有效性。为了解决这一问题，对 nZVI 进行改性以提高 nZVI 颗粒的吸附效率的研究日益受到重视。此外，与单个同类物相比，nZVI 与其他功能材料结合作为运载工具，促进 nZVI 的机动性和分散性也受到了相当多的关注。使用不同的运载工具可以提高 nZVI 颗粒的性能。最近的一些成功研究包括支撑 nZVI 的聚合物材料（如共价有机聚合物、树脂、纤维素）、支撑 nZVI 的无机黏土矿物（如膨润土、蒙脱石、高岭石、沸石和层状双氢氧化物）、支撑 nZVI 的多孔碳材料（如氧化石墨烯、碳纳米纤维和炭），它们在重金属和放射性核素吸附方面都表现出显著的性能。

3.5.1.1　裸 nZVI 材料

到目前为止，已经开发了两种成熟的合成 nZVI 粒子的方法，即自上而下和自下而上的方法。对于放射性核素污染废水的修复应用，这些努力的目标是获得具有大比表面积、高反应性和去除能力的 nZVI 颗粒。Wang 等人对 nZVI 进行了污水处理试验。从那时起，nZVI 已被证明在去除/降解上述各种化学污染物方面是非常有效的。对于放射性核素污染水，nZVI 对几种典型放射性核素（UO_2^{2+}、Co^{2+}、Se^{6+} 和 TcO_4^-）的去除受到了广泛关注。由于 nZVI 的金属铁芯和表面氧化铁层的存在赋予了 nZVI 的吸附和还原性能，因此大多数研究都是借助各种先进的分析方法来关注目标污染物与 nZVI 之间的潜在相互作用机制，例如：X 射线衍射（XRD）、XPS、X 射线吸收光谱（XAS）、扫描透射电子显微镜和 X 射线能量色散光谱（STEM-XEDS）。例如，Ling 等在 nZVI 上进行了亚硒酸盐吸附的批量实验。实验发现，5g/L nZVI 可在 3min 内快速去除 1.3mol/L 亚硒酸盐。他们进一步利用 STEM-XEDS 技术研究了 nZVI 与亚硒酸盐的化学反应，可视化了 Se（Ⅳ）在 nZVI 上的固相迁移和转化。如图 3-10(A) 所示，结果证实 Se（Ⅳ）被还原为 Se（Ⅱ）和 Se(0)，在距表面 6nm 处的氧化铁-Fe(0) 界面形成了 0.5nm 的硒层。此外，还发现壳上的缺陷显著增强了 nZVI 对硒的吸收能力和硒的扩散。不久之后，同一小组报告了他们对铀和 nZVI 相互作用的研究。用 1g/L nZVI 将铀的电子状态从Ⅵ还原到Ⅳ，可以在 2min 内从水中快速去除铀。更重要的是，通过化学还原法将表面氧化铁还原为 Fe(0) 可以进一步稳定捕获的 U（Ⅵ），表明 nZVI 在还原法去除放射性废物方面具有很大的优势。

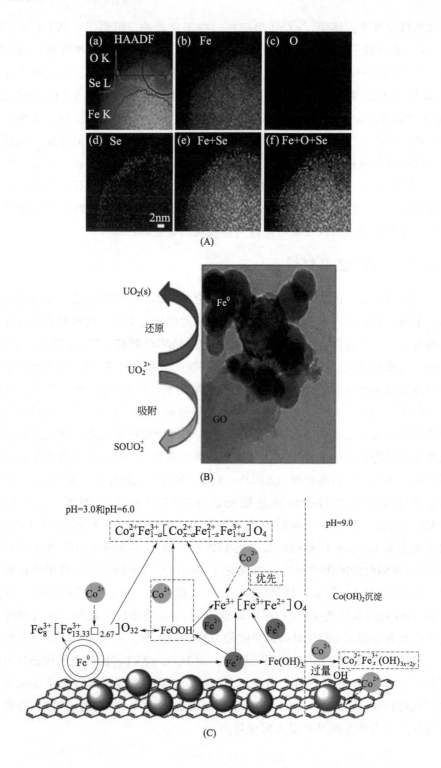

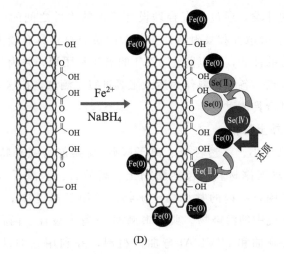

(D)

图 3-10 Fe-Se 反应的 STEM-XEDS 元素映射（A）：(a) 含 STEM-XEDS 元素
扫描曲线的 HAADF 图像；(b) 铁；(c) O；(d), (e) Fe+Se；(f) Fe+O+Se。
与 1.3mmol/L 亚硒酸盐反应 48h 后 nZVI 采集信号：nZVI/rGO 同时吸附和还原
U(Ⅵ)（B），GF 捕获 Co(Ⅱ)（C），nZVI@CNT 螯合 Se(V)（D) 的机理示意图

3.5.1.2 表面改性材料

裸 nZVI 由于表面能大，范德华力弱，在环境中容易结块，严重影响其在
环境修复中的应用。因此，对 nZVI 进行表面改性以抑制其聚集，提高其分散
性能的研究日益受到重视。nZVI 的表面改性通常通过涂覆化学稳定剂来实现，
如羧甲基纤维素、聚丙烯酸（PAA）和聚（乙烯醇）。典型的事例如，Klimk-
ova 和同事开发出了 PAA 涂覆的 nZVI 颗粒，用于从真实的酸性矿井水中去除
铀。他们发现，PAA 稳定壳的加入明显促进了脱铀反应动力学，从大规模实
际应用的角度来看，这是有益的，并且进一步确定了反应机理，包括较低氧化
态的铀沉淀、pH 值增加的沉淀以及与 nZVI 表面形成的氢氧化铁共沉淀。引
入化学稳定剂到裸露的 nZVI 已被认为是一个好主意，以防止 nZVI 聚集。但
是，需要指出的是，改性也会在目标污染物和 nZVI 之间形成屏障，从而降低
nZVI 的反应活性和去除能力。表面改性后的 nZVI 的性能是否优于未改性的
nZVI，这是不确定的，因为其性能与涂层、改性条件和目标污染物的特性
有关。

3.5.1.3 共轭支撑材料

与单独的同类产品相比，nZVI 与其他功能材料的共轭结合作为运载工具

也得到了广泛的开发，通过具有合理设计特性的组件之间的协同效应来促进 nZVI 的迁移性、分散性和吸附特性。典型的负载材料具有较大的表面积、灵活的结构和独特的性能，可以防止 nZVI 的氧化和团聚，并为污染物的吸附提供丰富的活性位点。各种材料作为运载工具进行了测试，在这里，这些复合材料被分为三类进行具体讨论。

（1）nZVI/黏土材料

黏土矿物粒径小、渗透性低、离子吸附/交换能力强等特性使其成为与 nZVI 结合的有效支撑材料。包括膨润土、高岭石、水滑石（LDHs）、伊利石、硅藻土和蒙脱石在内的常见黏土矿物已被用于构建基于 nZVI 的复合材料，以消除水环境中的污染物。典型事例如 Li 等人设计了两种膨润土负载的 nZVI（nZVI/Na-弯曲和 nZVI/Al-弯曲）材料，并利用它们从水溶液中去除 Se(Ⅵ)。有趣的是，发现了制备的 nZVI/Al-弯曲对捕获 Se(Ⅵ) 的协同作用，而 nZVI/Na-弯曲与裸 nZVI 相比对 Se(Ⅵ) 的去除效率降低。作者解释说，带正电荷的 nZVI/Al-弯曲可促进 Se(Ⅵ) 从溶液到铁表面的质量转移，从而加速表面反应，而带负电荷的 nZVI/Na-弯曲不利于阴离子 Se(Ⅵ) 的吸附。此外，根据 EXAFS 研究，Al-弯曲可以轻松将不溶性产物 Se(Ⅱ) 从 Fe(0) 表面转移出去，这对于通过使用 Al-弯曲作为载体来改善 nZVI 的稳定性和反应性至关重要。在 Üzüm 等人报道的另一项研究中，合成了高岭石负载的 nZVI（nZVI-kaol），并测试了从水溶液中去除 Co^{2+} 的能力。XPS 测试表明，Co^{2+} 与 nZVI-kaol 上暴露的羟基的化学络合以及高金属离子浓度下的沉淀是主要的反应机理。在 Sheng 等人的工作中，开发了一种新型复合材料，将 nZVI 固定在硅藻土上（nZVI-D），用于从水中消除 U(Ⅵ)。硅藻土的引入有利于增强 nZVI 的分散性。此外，通过批次实验确定了 nZVI 还原与硅藻土对 U(Ⅵ) 吸附之间的协同作用，这与其他报道中的发现一致。尽管黏土是一种丰富而廉价的自然资源，但由于其不良的吸附能力，还不能有效地用作 nZVI 的载体材料来提高吸附性能。

（2）nZVI/多孔碳材料

多孔碳材料中充足的含氧官能团、高比表面积和丰富的通道可以为 nZVI 粒子提供足够的负载点。各种多孔碳材料，例如活性炭、石墨烯和碳纳米管（CNT）用于支撑 nZVI 以阻止 nZVI 的聚集，并使用所得复合材料从水溶液中捕获放射性核素。在这些材料中，由于石墨烯具有出色的理化性质，因此使用石墨烯作为 nZVI 的载体已引起了人们相当大的研究兴趣。例如，Wang 课题组构建了一种新型复合材料（nZVI/rGOs），通过等离子技术将 GOs 引入到

nZVI 中，并采用该复合物从水中去除 Re(Ⅶ)。所获得的 nZVI/rGOs 在 pH
3.0 下的最大吸附量为 85.77mg/g，明显高于裸露 nZVI 或 rGO 的吸附量。
nZVI/rGOs 体系的吸附能力增强归因于 nZVI 将 ReO_4^- 还原为 ReO_2 和 rGOs
吸附。Wang 等还探讨了在不存在/存在 GO 的情况下 nZVI 颗粒去除铀的性
能。如图 3-10(B) 所示，U(Ⅵ) 的增强吸附主要归因于 rGO 上含氧 （—OH）
基团的吸附以及在 rGO 表面上大量 Fe^{2+} 引起的 U(Ⅵ) 的减少。Xi 等对 nZ-
VI/石墨烯 （GF） 复合材料对 Co^{2+} 的吸附进行了研究。实验数据与 Freundli-
ch 等温模型的良好吻合表明，在 GF 表面上有 Co^{2+} 的多层吸附，在 pH 5.7
和 293K 下的最大吸附量为 101.6mg/g。在作者的后续研究中，Co^{2+} 在 GF 上
的吸附机制归因于内层的络合和取代的金属氧化物的溶解/再沉淀 ［图 3-10
(C)］。除 GO 外，CNT 还用作 nZVI 颗粒的载体。典型事例如由 Sheng 等人
制备了固定在 CNT（nZVI/CNT） 复合材料上的 nZVI，并用于从水中螯合
Se(Ⅳ)。与原始 nZVI （约 58.8%） 相比，nZVI/CNT 由于 nZVI 还原和 CNT
吸附的协同作用，对 Se(Ⅳ) 的去除率更高 （约 95.7%）。基于 XAFS 的分析
表明使用 nZVI/CNT 可以将 Se(Ⅳ) 几乎完全还原为 Se(0)/Se(Ⅱ) ［图 3-10
(D)］。假定 CNT 在此的主要作用是作为分散剂和稳定剂以及腐蚀产品清除剂
可改善 Se(Ⅳ) 的捕获率。与黏土材料负载的 nZVI 相比，多孔碳材料负载的
nZVI 似乎具有更好的吸附放射性核素的性能。在这些多孔碳材料中，碳纳米
结构材料 （如 CNTs 和 GO） 负载的 nZVI 因其较大的表面积和丰富的官能团
而引起了人们更多的研究兴趣。尽管在这些系统中观察到了令人鼓舞的性能，
然而能够实现这一点至关重要。因为研究时不仅将考虑这些纳米材料在吸附过
程之前的毒性，还将解决由于使用这些纳米材料而产生的后果。与材料和传统
或其他新兴污染物不同，它是对环境的新标识，对科学家提出了新的挑战。如
何控制纳米材料的使用以避免环境危害，将是一个巨大的挑战。

（3） nZVI 支持的其他材料

　　nZVI 和其他功能材料的组合也被证明是防止团聚并提高 nZVI 的吸附效
率和相互作用活性的好方法。例如，Li 和同事开发了一种吸引人的吸附剂
（nZVI@Zn-MOF-74），通过喷涂方法将 nZVI 固定在 Zn-MOF-74 表面。在
pH 值为 2～9 的水溶液中考察铀的去除率，在 pH 值为 3 和 298K 时，nZVI@
Zn-MOF-74 的最大吸附容量为 348mg/g，高于裸 nZVI（157.2mg/g） 和 Zn-
MOF-74 （266.7mg/g）。与上面讨论的其他材料一样，nZVI@Zn-MOF-74 对
铀的吸附能力提高是由于 nZVI 将 U(Ⅵ) 还原为 U(Ⅳ)，以及从 Zn-MOF-74
中吸附了 U(Ⅵ)。

綜上所述，大量 nZVI 基复合材料在去除水中放射性核素方面表现出了巨大的潜力，这些材料的主要吸附性能如表 3-7 所示。由于其低成本、大比表面积、高还原性和在多孔介质中的流动性，nZVI 在过去的 20 年中被认为是一种重要的去除水溶液中放射性核素的清除剂。目前已发表的文献大多证实了放射性核素在 nZVI 颗粒上的吸附行为和还原机理。然而，正如本节所讨论的，裸 nZVI 颗粒易氧化、易聚集、稳定性低、分散性差、吸附能力有限等缺点，极大地限制了其在实际中的应用。为了克服这些问题，人们在开发表面改性和支撑材料方面做出了相当大的努力，以防止聚合和提高 nZVI 的性能。nZVI 基复合材料可以通过 nZVI 对放射性核素的减少和作为载体材料对放射性核素的吸附同时发挥协同作用。所报告的以 nZVI 为基础的复合材料显示了消除 U(Ⅵ)、Co(Ⅱ)、Tc(Ⅶ) 和 Se(Ⅵ) 等放射性核素的巨大潜力。尽管已经做了大量的工作，但关于对 nZVI 基材料的选择性、重现性和可重复使用性的研究还很少。由于吸附剂的选择性和可重复使用性在实际应用中起着至关重要的作用，因此鼓励更多的相关研究。此外，现有文献中对 U(Ⅵ) 去除的研究较多，对其他放射性核素的研究较少。今后的研究应寻求建立各种放射性核素在 nZVI 基材料上吸附行为的研究体系。更重要的是，nZVI 基材料的反应机理因放射性核素的不同而不同，可能涉及到吸附、还原、氧化等特殊的相互作用，因而相当复杂。各种材料和放射性核素之间可能存在这种相互作用过程，因此，进一步的研究重点是阐明 nZVI 基吸附剂与放射性核素之间的反应机理。最后，对 nZVI 吸附的研究大多在实验室规模上进行。然而，从实验室实验中得出的结论可能不能反映真实污染场地的性能，因为实验中使用的污染物浓度往往较高。有必要在实际条件下对 nZVI 进行实验，探索 nZVI 在实际应用中的能力。

表 3-7 各种放射性核素与 nZVI 基复合材料相互作用的吸附容量及主要参数

吸附剂	放射性核素	pH	温度/K	平衡吸附容量/(mg/g)	时间	动力学模型	等温线模型
nZVI/黏土							
Ca-Mg-Al-LDH/nZVI	U(Ⅵ)	5	298	216.1	4h	PSO	Langmuir
nZVI-D	U(Ⅵ)	—	293	—	1.5h	PFO	—
I-nZVI	U(Ⅵ)	—	298	1.79	2h	—	—
nZVI/Na-蒙脱石	U(Ⅵ)	—	293	—	100min	PFO	—
nZVI/Al-蒙脱石	Se(Ⅳ)	—	293	—	100min	PFO	—
nZVI/Al-歪曲	Se(Ⅵ)	6	298	—	—	—	Langmuir-Hinshelwood
nZVI-kaol	Co(Ⅱ)	—	R.T.	25	2～3h	—	—

吸附剂	放射性核素	pH	温度/K	平衡吸附容量/(mg/g)	时间	动力学模型	等温线模型
nZVI/多孔碳							
nZVI/CNF	U(Ⅵ)	3.5	298	54.95	24h	PSO	Langmuir
Fe-PANI-GA	U(Ⅵ)	5.5	298	350.47	20min	PSO	Langmuir
nZVI/rGO	U(Ⅵ)	5	298	—	—	PSO	Freundlich
Fe/RGO	U(Ⅵ)	5	298	4174	40min	—	—
nZVI/AC	U(Ⅵ)	5	308	492.6	1h	PSO	Freundlich
nZVI/CNT	Se(Ⅳ)	6	298	—	2h	—	—
nZVI/rGO	Se(Ⅳ)	8	298	46.51	1h	PSO	Langmuir
nZVI/石墨烯	Co(Ⅱ)	5.7	293	101.6	4h	PSO	Freundlich
nZVI/rGOs	Re(Ⅶ)	3	293	85.77	1.5h	PFO	Langmuir
nZVI/其他							
nZVI@Zn-MOF-74	U(Ⅵ)	3	298	348	2h	PFO/PSO	Freundlich
nZVI/F	U(Ⅵ)	6.5	298	—	0.5h	—	—
nZVI-水泥	U(Ⅵ)	12.5	R.T.	—	3d	—	—

3.5.2 其他金属纳米粒子吸附铀等放射性核素

由于银纳米粒子对碘离子的高亲和力，在醋酸纤维素膜（Ag-CAM）上固定的银纳米粒子（AgNPs）被开发和研究用于脱盐去除水中的放射性碘。通过 Ag-CAM 对含放射性碘水进行简单的连续过滤，去除率超过99%，对碘离子选择性也非常高。碘离子对 Ag-CAM 的保留能力为31mg/g AgNPs。金纳米粒子（AuNPs）也被证明是一种很好的吸附剂，以去除各种水溶液中的放射性碘，因为金和碘原子之间有很好的亲和力。据报道，尺寸为 15~80nm 的 AuNPs 在 15min 内能在 ^{125}I 过量 100 倍的纯水中捕获超过其 99% 的放射性。涂层为 CNTs(Au-CNTs) 的 AuNPs 能够有效去除 UO_2^{2+}，这是由于微流和微湍流导致的空化以及局部温度和压力升高造成的。此外，超声波辅助吸附还能增强对放射性 UO_2^{2+} 的去除，如在含 25mg/L UO_2^{2+} 的废水中，超声作用 5min 后，UO_2^{2+} 去除率可达98% 以上。用纤维素、甲壳素和壳聚糖纳米材料修饰的 Ti 或 Ni 纳米颗粒也被开发用于去除水溶液中的 ^{137}Cs、^{85}Sr、^{60}Co 和 $^{152+154}$Eu。已经发现，生物聚合物对 Ti 或 Ni 的改性可以显著提高它们的吸附能力。钛改性的纳米材料显示出比镍改性的纤维素或裸生物聚合物更高的吸附能力，对 Sr(Ⅱ) 的最高吸附能力为 11.83mg/g。

3.6
金属硫化物

近年来，具有不稳定骨架阳离子的金属硫化物基离子交换剂已成为一类很有前途的新型吸附剂。由于其快速的吸附动力学、优异的选择性、高容量和独特的灵活性，金属硫化物已成为一类有效的吸附剂，成功地被应用于去除重金属以及通过典型的离子交换反应去除软性阳离子和阴离子。这些材料的优势在于它们基于软 S^{2-} 配体，这是对软离子和硬离子（如 H^+、Na^+ 和 Ca^{2+}）具有天生选择性的材料，它们可以与软的 S^{2-} 配体发生弱相互作用，这赋予了它们对软金属离子的固有选择性。此外，其独特的软基本框架使其不需要功能化（修饰官能团），就能表现出良好的吸附性能，这使它们成为可能修复核废料中放射性核素的诱人材料。

3.6.1　吸附铀

Kanatzidis 和他的同事进行了几项关于硫系化合物材料从水溶液中去除 UO_2^{2+} 的研究。首次提出了一种用于 UO_2^{2+} 离子交换的层状金属硫化物 $K_2MnSn_2S_6$(KMS-1)。粉末 X 射线衍射（PXRD）数据显示 UO_2^{2+} 在层间空间与 K^+ 离子交换。在固态反射 UV-Vis-近 IR 光谱中观察到，与原始 KMS-1（1.3eV）相比，铀酰交换样品的带隙（0.95eV）明显更低，表明 UO_2^{2+}… S^{2-} 相互作用很强。吸附等温线的最大交换容量为 380mg/g。在高浓度的竞争离子（Na^+、Ca^{2+}）存在下也观察到显著的选择性，这进一步证明了 UO_2^{2+}…S^{2-} 强共价结合相互作用，并且与光谱数据是一致的。进一步测试了 KMS-1 从各种实际水样，包括从密歇根湖、太平洋和墨西哥湾收集的水样中去除铀的能力。值得一提的是，KMS-1 在与环境样品接触 12h 后能够去除其中 76.3%～99.9% 的 UO_2^{2+}。

同样，采用与 KMS-1 材料类似的水热方法制备了一种新的层状离子交换

剂 $K_{2x}Sn_{4-x}S_{8-x}$（$x=0.65\sim1$，KTS-3），在反应混合物中没有添加 Mn。在 pH＝7 条件下，UO_2^{2+} 的最大离子交换容量为 287mg/g，低于 KMS-1。同样，过量的 Na^+ 对 UO_2^{2+} 交换的影响可以忽略，因此，尽管 UO_2^{2+} 通常被认为是一个硬路易斯酸阳离子，但 UO_2^{2+} 表现得更像一个软阳离子，与软配体相互作用更强。需要注意的是，KTS-3 对 Cs^+（280mg/g）和 Sr^{2+}（102mg/g）也表现出较高的去除率。

随后，该组又利用无机-有机杂化硫代锡酸盐（Me_2NH_2）$_{1.33}$（Me_3NH）$_{0.67}Sn_3S_7\cdot1.25H_2O$（FJSM-SnS）作为反离子选择性去除 UO_2^{2+}。FJSM-SnS 的 2D 结构是由 6 个 $[Sn_3S_4]$ 核组成的 $[Sn_3S_7]_n^{2n-}$ 阴离子层和由二十四元 $[Sn_{12}S_{12}]$ 环形成的大窗口组成 [图 3-11(a)]。占据层间空间的混合 $[Me_2NH_2]^+$ 和 $[Me_3NH]^+$ 阳离子可以被 UO_2^{2+} 交换 [图 3-11（b）]。首先进行动力学实验，结果显示 1h 后总 U(Ⅵ) 去除率为 80.3%，20h 后为 91%。有趣的是，PSO 动力学模型可以很好地模拟 UO_2^{2+} 的吸附动力学数据，但迄今为止，其他硫系化合物对 UO_2^{2+} 的吸附尚未观察到。FJSM-SnS 表现出最大去除能力为 338mg/g，并且在高浓度 Na^+、Ca^{2+} 或 HCO_3^- 存在的情况下对 U(Ⅵ) 也有异常的选择性。这些良好的性能是由于柔软的 S^{2-} 和 UO_2^{2+} 之间有很强的亲和力，以及 FJSM-SnS 的二维柔性层状框架。

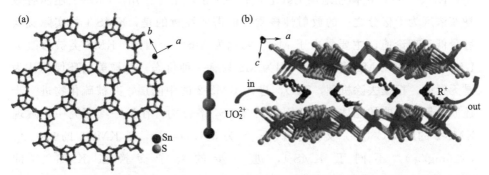

图 3-11　FJSM-SnS 的层状结构（a）及 FJSM-SnS 吸附 UO_2^{2+} 的插层机理示意图（b）

如上所述，层状硫系材料似乎是极有希望从水溶液中去除铀的候选者。它们表现出非常吸引人的特性，比如合成成本低、离子交换能力高、选择性好。这些独特的特性来源于其柔性的框架，以及软路易斯碱性 S^{2-} 与客体离子的强配位反应。然而，这类层状金属硫系化合物脱铀的研究尚处于起步阶段，其吸附性能有待进一步验证。

另一类被称为硫凝胶的金属硫化物基材料也被评估用于在低浓度下去除铀。此类硫凝胶化学反应的例子有 $Co_{0.7}Bi_{0.3}MoS_4$（CoBiMoS）、$Co_{0.7}Cr_{0.3}MoS_4$（CoCrMoS）、$Co_{0.5}Ni_{0.5}MoS_4$（CoNiMoS）、$PtGe_2S_5$（PtGeS）和 Sn_2S_3（SnS）。在与 $10^{-6}mol/L$ 的铀溶液接触 7 天后，这些硫凝胶表现出不同的铀捕获效率，范围从 68.1% 到 99.4%，其中 $PtGe_2S_5$ 吸附剂表现最好，对铀的去除率为 99.4%。此外，硫凝胶也被发现对捕获锝（^{99}Tc）和气态碘（$^{129}I_2$）有效。硫凝胶材料的多用途特性使其在铀去除和其他放射性核素修复方面具有广阔的应用前景。然而，一个令人担忧的问题是硫凝胶中的某些金属成分（如硒、铅、铬和碲）的毒性限制了它们目前的可用性。到目前为止，文献中已经报道了大量关于铀在各种聚合物上吸附的研究。在这里，我们只是收集和总结了最近十年出版和更新的文献。

3.6.2　吸附其他放射性核素

此外，人们发现金属钾硫化物（KMS-1，$K_{2x}Mn_xSn_{3-x}S_6$，$x=0.5\sim0.95$）对核废水中的 Cs（Ⅰ）和 Sr（Ⅱ）的去除效果良好。例如，KMS-1 中 K^+ 的极高迁移率保证了 Cs（Ⅰ）交换非常快的动力学，在 5min 内去除率 >90%。在含有大量过量竞争性硬阳离子（例如 Na^+ 和 H^+）的复杂废水中，KMS-1 可以选择性地与 Cs（Ⅰ）和 Sr（Ⅱ）相互作用。KMS-1 还能有效捕获浓度为十亿分之一的放射性核素。但需要注意的是，KMS-1 的实际交换容量低于理论值，主要是由于 Mn^{2+} 氧化为 Mn^{3+}。因此，KMS 类被修改为 KMS-2，其中用 Mg 代替 Mn，因为 Mg 只有一种价态，并被美国环保局认为是无毒的。根据去除机理，TcO_4^- 进入 KMS-2 的中间层，并被硫化物进一步还原，形成扭曲的晶体结构和固态的 Tc_2S_7 络合物。在另一项研究中，发现 KMS-2 的最大 Cs（Ⅰ）交换容量（q_m）为 531.7mg/g，是 KMS-1 的 2.35 倍（226mg/g）。不同于 KMS-1，进一步的离子交换在 KMS-2（即 $Cs_{2+x}Mg_{1-x}Sn_2S_6$）中观察到，层中的 Mg^{2+} 有助于额外的 Cs（Ⅰ）吸附。此外，KMS-2 在较宽的 pH 范围（3~10）内稳定，适合于处理核电站废水。还需要注意的是一种新的三元层状化合物，即 $K_{2x}Sn_{4-x}S_{8-x}$（$x=0.65\sim1$）在较宽的 pH 范围内，KTS-3 对 Cs（Ⅰ）、Sr（Ⅱ）和 UO_2^{2+} 的离子交换容量分别为 280mg/g、102mg/g 和 287mg/g。（SnS_6）八面体和（SnS_4）四面体独特的阴离子层状结构具有长程有序空位。因此，这些阴离子层所携带的电荷可以被层间钾离子平衡，钾离子可以快速交换为 Cs（Ⅰ）、Sr（Ⅱ）和 UO_2^{2+}。更重要的是，KTS-3 即使在大量 Na^+ 存在的情况下也能产生高效的离子交换能力。KMS 材料家族中的一个新成员是具有强大酸稳定的层状金属硫化物（KIn-Sn_2S_6，KMS-5），它对三价次要锕系元素具有很强的亲和力，可同时高效地从 pH 值低于 2 的酸性溶液中分离出三价 ^{241}Am(Ⅲ) 和 ^{152}Eu(Ⅲ)（>98%）。观察到离子交换动力学极快（小于 10min），最大分配系数为 $5.91×10^4$ mL/g。此外，负载放射性核素的 KMS-5 很容易用高浓度氯化钾溶液洗脱。在另一项研究中，3D 晶体金属硫化物 $K_{1.87}ZnSn_{1.68}S_{5.30}$ 在其结构中具有 3 个不同大小的空穴，据报道，即使在正常和碱性条件下存在其他阳离子，其对 Sr(Ⅱ)（19.3mg/g）也表现出高选择性。该材料的离子交换性能在 3~11 的宽 pH 范围内基本保持不变，但共存离子尤其是 Ca^{2+} 和 Mg^{2+} 会降低其离子交换性能。从表 3-8 可以看出，负载能力较高的金属硫化物对放射性污染水的回收是有效的。然而，这类金属硫化物材料仍有很大的开发潜力。目前，这一类中有许多对放射性核素具有良好离子交换性的候选物质尚未得到有效的研究。事实上，具有阴离子交换能力的金属硫化物的发展，可能为离子交换材料的研究开辟一个全新的模式。

表 3-8　水溶液中用于去除放射性核素的各种金属硫化物

纳米尺度的金属硫化物	目标放射性核素和放射性同位素	性能方面的去除能力或速率	操作条件	可能的机制
$K_{2x}Mg_xSn_{3-x}S_6$ （$x=0.5\sim1$）	Cs(Ⅰ)、Sr(Ⅱ) 和 Ni(Ⅱ)	531.7mg/g、86.89mg/g 和 151.1mg/g	$c_0=6$mg/L 溶液包含所有三种离子，$m/V=1$g/L，$t=12$h，pH=7	离子交换
$(Me_2NH_2)_{1.33}(Me_3NH)_{0.67}$ $Sn_3S_7·1.25H_2O$	Eu(Ⅲ)、Tb(Ⅲ) 和 Nd(Ⅲ)	139.82mg/g、147.05mg/g 和 126.70mg/g	离子交换柱：$m/V=1$g/L，$t<5$min，pH=4.0，$T=30℃$	离子交换
$K_{2x}Mg_xSn_{3-x}S_6$ （$x=0.5\sim1$）	Tc(Ⅶ)	4.9mg/g	$c_0=0.45\sim79.5$mg/L，$m/V=1$g/100mL，$T=25℃$	离子交换和沉淀
固相合成 $K_2MnSn_2S_6$	UO_2^{2+}	382mg/g	$c_0=33\sim400$mg/L，$m/V=1$g/L，$t=12$h	离子交换
$K_{1.9}Mn_{0.95}Sn_{2.05}S_6$	Cs(Ⅰ)	226mg/g	$c_0=55\sim550$mg/L，$m/V=1$g/L，$t=12$h，pH=7	离子交换
$K_{2x}Mn_xSn_{3-x}S_6$ ($x=0.95$)	Sr(Ⅱ)	$(77±2)$mg/g	$c_0=0.45\sim79.5$mg/L，$m/V=1$g/L	离子交换
$K_{2x}Sn_{4-x}S_{8-x}$ （$x=0.65\sim1$）	Cs(Ⅰ)、Sr(Ⅱ) 和 UO_2^{2+}	280mg/g、102mg/g 和 287mg/g	$c_0=6$mg/L，$m/V=1$g/L，$t=15$h，pH=7	离子交换

纳米尺度的金属硫化物	目标放射性核素和放射性同位素	性能方面的去除能力或速率	操作条件	可能的机制
$KInSn_2S_6$	$^{241}Am(Ⅲ)$、$^{152}Eu(Ⅲ)$	$97.7\%^{241}Am$ 86.56mg/g	$c_0(^{241}Am)=5.6\times10^{-6}g/L$, $c_0(^{152}Eu)=5\sim675mg/L$, $m/V=1g/L$, pH=2.0, $T=25℃$	离子交换
$K_{1.87}ZnSn_{1.68}S_{5.30}$	$Sr(Ⅱ)$	19.3mg/g	$c_0=5\sim100mg/L$, $m/V=1.00g/L$, $t<5min$, pH=5.5, $T=25℃$	离子交换和与S成键
$Na_5Zn_{3.5}Sn_{3.5}S_{13}\cdot6H_2O$	$Sr(Ⅱ)$	32.3mg/g	$c_0=5\sim100mg/L$, $m/V=1.00g/L$, $t=5min$, pH=6.0±0.1, $T=25℃$	离子交换和与S成键

注：c_0 为初始放射性核素/放射性同位素浓度，m/V 为纳米材料用量，T 为温度，t 为接触时间/平衡时间。

第4章
无机氧化物TiO₂团簇铀酰复合物结构和界面性质计算

4.1
概述

在过去的二十年，矿物和锕系元素的界面化学一直广受关注，特别强调其在能源与环境领域的重要作用。究其原因是科学工作者想进一步了解锕系配合物在自然系统中的寿命和迁移特性。在世界各地的核废料处置、选矿、开采及重工业中，铀是得到普遍关注的一种污染物。在大多数环境和处置条件下，铀最稳定的存在形式是 6 价铀酰离子 UO_2^{2+}。铀酰离子具有高水溶解性，很容易通过水迁移到很多地方，不可避免地与生物圈接触造成极大伤害。因此，对土壤、沉积物和地下水中铀污染给人类健康和环境风险的评估需要人们深入了解各种影响铀表面迁移的过程，包括其在矿物/水界面的吸附过程。

可溶性铀酰化合物在矿物表面的吸附对控制其在地下水中迁移具有重要作用。这个过程涉及一系列界面物理或化学反应，并受许多复杂因素影响，如 pH、金属离子吸附态、吸附剂表面性质（酸强度和表面活性位密度）和水介质离子强度。目前，光谱技术被广泛用于研究铀酰-矿物相互作用。如扩展 X 射线吸收精细结构（extended X-ray absorption fine structure，EXAFS）技术可以揭示矿物表面吸附铀酰的局部结构、组成和吸附模式等重要信息。最近 U(Ⅵ)/金红石型 TiO_2(110) 体系已通过一些测试手段得到很好的表征，如使用 EXAFS、SSHG（surface second harmonic generation）、TRLFS（time-resolved laser fluorescence spectroscopy）和 AFM（atomic force microscope）。

人们对铀酰-矿物界面研究后得出以下几个结论：①基于内壳吸附机制、以双齿吸附模式形成单核铀酰表面配合物；②随着 pH 值从 4.5 降到 1.5，吸附速率降低；③在不同的吸附位点存在两种表面配合物，它们的相对比值取决于 pH 值。另外，还有许多其他矿物吸附铀酰的实验报道，这些矿物质包括赤铁矿、水铝矿、高岭石和蒙脱石。这些研究进一步丰富了锕系元素和矿物的表面化学。

除光谱技术，理论/计算化学是另一种用来揭示铀酰与矿物表面相互作用本质和合理解释相关性质和过程的重要工具。理论研究成功地补充了实验结果。Roques 和 Simoni 课题组利用平面波密度泛函理论（DFT）和周期性边界条件（periodic boundary condition，PBC）研究了在三种不同的吸附位点形成的铀酰-金红石 TiO_2(110) 配合物的结构和稳定性。随后，Pan 和 Schreckenbach 等运用 PBC 方法计算各种水合/碳酸根/羟基铀酰离子在金红石 TiO_2(110) 上的吸附强度。运用相似的 PBC 周期性方法，科学工作者还对铀酰在其他矿物如 α-Al_2O_3(0001)、γ-Al_2O_3(100)/(110)、α-二氧化硅（001）、蒙脱石、高岭石（001）、碳化钡、刚玉的表面吸附进行了计算研究。另外 Greathouse、Roques、Lin、Kerisit 和 Liu 等课题组采用分子动力学（molecular dynamics，MD）和蒙特卡罗（Monte Carlo，MC）模拟方法对铀酰的吸附进行了研究。相对于应用于铀-无限表面物质相互作用的大量 PBC 研究，采用有限表面团簇模型的工作仍然非常稀少。特别是，使用二氧化钛团簇表面足够大，且足以被吸附的铀酰化合物覆盖方面的理论研究还很少被报道。目前在团簇模型框架下，报道过的体系包括 UO_2^{2+}-$(TiO_2)_3(H_2O)_4$（二氧化钛）、UO_2^{2+}-$Si_2O_7H_4^{2-}$（二氧化硅）、$[UO_2(H_2O)_2(OH)]^+$-$Fe_2(OH)_4(H_2O)_6$（针铁矿）、$[UO_2(H_2O)_3]^{2+}$-$Al_6(OH)_{18}(H_2O)_6$（水铝矿）和 $[UO_2(H_2O)_m(OH)_n]^q$-$(Al_2O_3)_{18}$（刚玉）。这些研究均选用小尺寸和小表面积团簇模拟矿物，但铀酰周围赤道平面配位水分子没有被考虑在内，导致铀配位不饱和。因此，这些计算结果不能直接与实验结果比较。虽然我们以前的工作曾简单地讨论过锐钛矿型团簇，但并未考虑其最稳定的（101）晶面用于铀酰吸附方面的探索。所以，系统、全面的理论研究仍然很有必要，如基于尺寸/表面积适当的具有不同晶相和晶面 [金红石型 TiO_2(110) 和锐钛矿型 TiO_2(101)]、各种表面性质（无水的/部分水合的/质子饱和）的金红石以及完美的/有缺陷的/非化学计量比的锐钛矿二氧化钛团簇。

本章中，使用相对论 DFT 方法研究了二氧化钛表面纳米团簇（surface nanoparticle clusters，SNCs）对配位铀酰化合物（ligated uranyl，LU）的吸附行为。讨论了铀酰周围溶剂化效应的影响，即直接在离子中引入超分子水溶剂化（explicit）和自洽反应场溶剂化模型（implicit）；对吸附剂和吸附质以及吸附模式形成的配合物等变化进行了细致研究；并重点强调形成吸附剂-吸附质复合物的结构、能量和电子性质。

4.2
计算方法

以晶体结构为基础，对含有裸露的金红石型 TiO_2（110）和锐钛矿型 TiO_2（101）晶面的 SNCs 进行了结构优化。所研究的各种团簇的化学式和缩写见表 4-1。

表 4-1　研究的 TiO_2 表面纳米粒子团簇（SNCs）

晶面[①]	纳米粒子团簇化学式	表面积/Å	原子数	缩写
金红石型 TiO_2（110）	$Ti_{27}O_{64}H_{20}$	11×12	111	**dry**
	$(Ti_{27}O_{64}H_{20})(H_2O)_8$	11×12	135	**sol**
	$[(Ti_{27}O_{64}H_{20})(H_2O)_8(H)_2]^{2+}$	11×12	137	**sat**
锐钛矿型 TiO_2（101）	$(TiO_2)_{38}$	12×14	114	**a38**
	$(TiO_2)_{38}(H_2O)$	12×14	117	**a38′**
	$[(TiO_2)_{38}(TiO)]^{2+}$	12×14	116	**a39**
	$[(TiO_2)_{38}(TiO)_2]^{4+}$	12×14	118	**a40**

① 金红石型（110）和锐钛矿型（101）是各自相中最稳定的暴露晶面。

已知的金红石型二氧化钛具有层状结构。以往的 PBC 方法研究中通常采用 4～6 层的块结构去模拟二氧化钛团簇。为了验证 2 层团簇模型（**dry**）是否可以模拟实验纳米粒子，我们建立了从 1 到 4 层的金红石型 SNCs 模型。为节省计算成本，选用表面积（11Å×6Å）的团簇大到足以容纳水合铀酰物种。它们各自的分子式和缩写参见表 4-2。为了比较反应趋势计算了这四种团簇吸附铀酰的反应能，见图 4-2(a) 和表 4-2，整体趋势是逐渐降低的。可以看出 2 层的 SNCs 模型反应能最低，用来模拟金红石纳米粒子最适宜。进一步与表面积为 11Å×12Å 的 2 层金红石模型比较，发现在两种模型上的各种反应能只有很小的差别，见图 4-2(b)。因此，本章工作都使用 2 层的表面积为 11Å×12Å 的金红石 SNCs 进行研究。

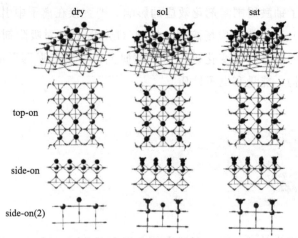

图 4-1   研究的金红石型 TiO_2（110）表面纳米粒子团簇：$Ti_{27}O_{64}H_{20}$（**dry**）、
$(Ti_{27}O_{64}H_{20})(H_2O)_8$（**sol**）和$[(Ti_{27}O_{64}H_{20})(H_2O)_8(H)_2]^{2+}$（**sat**）

表 4-2   研究不同层数、不同表面积的金红石型（110）SNCs，

以及计算的吸附水合铀酰离子[①]的各种反应能

纳米粒子团簇化学式	层数	表面积/Å	原子数	缩写	$\Delta_r E$ /eV	$\Delta_r E_0$ /eV	$\Delta_r G$ /eV
$Ti_7O_{16}H_4$	1	11×6	27	**1L**	−1.19	−1.35	−1.45
$Ti_{15}O_{36}H_{12}$	2	11×6	63	**2L**	−2.63	−2.83	−3.02
$Ti_{22}O_{52}H_{16}$	3	11×6	90	**3L**	−1.62	−1.79	−1.89
$Ti_{30}O_{72}H_{24}$	4	11×6	126	**4L**	−2.38	−2.51	−2.58
$Ti_{27}O_{64}H_{20}$	2	11×12	111	**dry 或 2L′**	−2.71	−2.89	−3.19

① $\Delta_r E$、$\Delta_r E_0$ 和 $\Delta_r G$ 分别表示总能量、气相中总能量包括的零点振动能和反应自由能（根据反应式 $[UO_2(H_2O)_5]^{2+}+SNC \Longrightarrow [UO_2(H_2O)_3]^{2+}$-$SNC+2H_2O$ 计算）。

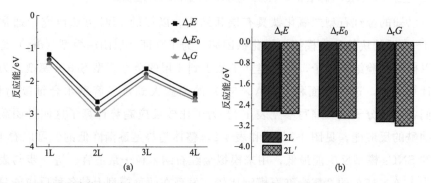

图 4-2   计算的不同金红石型（110）SNCs 吸附水合铀酰离子的反应能图

（a）表面积为 11Å×6Å 不同层数的 SNCs；（b）2 层表面积分别为 11Å×6Å（**2L**）和

11Å×12Å（**2L′**）的 SNCs，这些 SNCs 的缩写见表 4-1

此外，$(TiO_2)_{38}$（**a38**）被用于模拟锐钛矿型（101）SNC；它是中性的、符合化学计量比且表面积是 $12\text{Å}\times14\text{Å}$ 的二氧化钛模型；从裸露的团簇上下两表面去除两个 TiO 单元导致 **a38** 上有两个缺陷。作为对比，锐钛矿团簇一个表面上无缺陷的 $[(TiO_2)_{38}(TiO)]^{2+}$（**a39**）和两个表面上都没有缺陷的 $[(TiO_2)_{38}(TiO)_2]^{4+}$（**a40**）SNCs 模型也被建立并进行计算。这是两个都带正电荷和非化学计量比的模型。还设计了一个用水分子修补缺陷的团簇 $(TiO_2)_{38}(H_2O)$（**a38′**）。请参阅图 4-3 的各种锐钛矿型团簇模型。

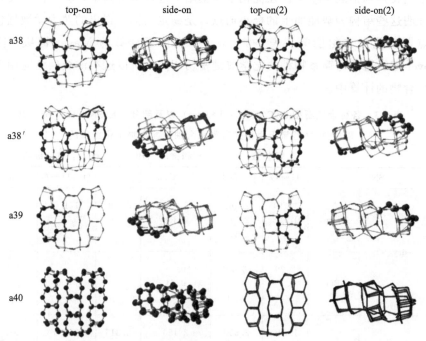

图 4-3 优化的锐钛矿型 SNCs 的结构图，$(TiO_2)_{38}$（**a38**）、$(TiO_2)_{38}$（H_2O）（**a38′**）、
$[(TiO_2)_{38}$（TiO）$]^{2+}$（**a39**）和 $[(TiO_2)_{38}$（TiO）$_2]^{4+}$（**a40**），
展示配合物两个方向的角度图

以上述描述的 SNCs 模型为基础，研究了它们吸附水合铀酰离子的稳定结构、吸附能和电子性质。以 **dry** 模型为例，探讨了各种吸附质包括水合碳酸根、碳酸根和羟基铀酰离子的吸附行为。

采用 Priroda 程序（Version 6），在气态条件下对所有复合物结构进行全面优化，且没有任何对称性限制。该程序应用来源于完整狄拉克方程的四分量全电子（AE）标量相对论方法，并在计算中去除计算量大且对结构优化影响小的自旋-轨道耦合效应。U（Ⅵ）在计算过程中保持不变，这种近似方法已证

明是很可靠的。采用广义梯度近似（GGA）方法的 PBE 泛函和具体过程包含
double-ζ 极化函数的全电子 Gaussian 基组（标记为 B-I）。在优化的配合物中，水
合铀酰-**sat** 和羟基铀酰-**dry** 分别有最大和最小的原子数/电子数，对应的原子数/
电子数分别为 149/1342 和 120/1262。使用的基组如下：U（34s33p24d18f6g）/
（10s9p7d4f1g）、Ti（21s16p11d5f）/（6s5p3d1f）、O（10s7p3d）/（3s2p1d）、
C（10s7p3d）/（3s2p1d）和 H（6s2p）/（2s1p）。最终，2568 个轨道基函数和 9132
个辅助基函数被用在水合铀酰-**sat** 上，而 2351 个轨道基函数和 8707 个辅助基
函数用在羟基铀酰-**dry** 上。在优化结构基础上进行解析频率计算，没有发现虚
频证明这些结构为势能面上的极小值点，是稳定结构。得出的热力学数据包括
零点振动能和自由能等。表 4-3～表 4-5 列出了计算的 Mayer 键级。因为
Mayer 键级通常与锕系物种的化学成键密切相关，所以这类键级广泛应用于铀
酰配合物的计算中。

表 4-3　各种金红石型 SNC（dry、sol 和 sat）**以及部分水合 SNC**（sol_bt）**上**

以桥连-端基氧吸附模式吸附水合铀酰配合物优化结构的

几何参数（Geom.）**和键级**（BO）　　（键长：Å；键角：°）

SNC		U＝O	U—OH$_2$	U—O$_{surf}$	U—Ti	O＝U＝O	O＝U—Ti
dry	Geom.	1.794 1.798	2.562 2.577 2.515	2.291 2.306	3.390	171.0	92.3 96.7
	BO	2.39 2.38	0.40 0.39 0.41	0.76 0.74			
sol	Geom.	1.846 1.847	2.550 2.587 2.595	2.150 2.213	3.313	168.6	91.9 99.4
	BO	2.17 2.16	0.44 0.40 0.39	1.12 0.96			
sat	Geom.	1.841 1.841	2.551 2.563 2.530	2.212 2.219	3.305	169.0	93.8 97.2
	BO	2.15 2.16	0.41 0.40 0.42	0.98 0.98			

续表

SNC		U=O	U—OH₂	U—O$_{surf}$	U—Ti	O=U=O	O=U—Ti
sol_bt	Geom.	1.807 1.853	2.606 2.753 2.638	2.203(O$_t$)① 2.210(O$_b$)①	3.780 3.802 4.126	168.6	
	BO	2.42 2.15	0.42 0.33 0.34	1.05 0.96			
Expt.②		1.79	2.49	2.33	3.05	180	

① O$_t$ 和 O$_b$ 分别表示桥连氧原子和端基氧原子。

② 实验值参考文献。

表 4-4 **dry SNC 吸附不同铀酰配合物优化结构的几何参数和键级**

(键长：Å；键角：°)

LU		U=O	U—OH₂/OH	U—O$_{CO_3}$	C=O	U—O$_{surf}$	U—Ti	O=U=O	O=U—Ti
UO₂(H₂O)₂(CO₃)	Geom.	1.809 1.815	2.602 2.603	2.294 2.294	1.209	2.747 2.795	3.674	168.4	87.1 81.3
	BO	2.39 2.38	0.35 0.36	0.84 0.84	2.04	0.22 0.20			
UO₂(H₂O)(CO₃)	Geom.	1.820 1.822	2.600	2.222 2.229	1.211	2.619 2.654	3.543	167.7	86.5 81.3
	BO	2.39 2.37	0.35	1.00 0.97	2.02	0.29 0.28			
[UO₂(CO₃)₂]²⁻	Geom.	1.820 1.829		2.328 2.427 2.325 2.392	1.243 1.243	2.959 3.431	4.048	168.2	78.3 89.9
	BO	2.37 2.34		0.73 0.56 0.75 0.67	1.79 1.79	0.11 0.00			
[UO₂(OH)₃]⁻	Geom.	1.842 1.845	2.205 2.177 2.204			3.326 3.487	4.250	171.3	86.5 84.8
	BO	2.32 2.32	1.13 1.13 1.13						

表 4-5　各种锐钛矿型（101）SNCs 吸附不同水合铀酰（LU）配合物优化结构
的几何参数和键级　　　　　　　（键长：Å；键角：°）

SNC[①]	水合铀酰配合物		U＝O	U—OH₂	U—O$_{surf}$	U—Ti	O$_{yl}$—Ti	O＝U＝O
a38	$[(UO_2)(H_2O)_2]^{2+}$ $\cdot (H_2O)$[②]	Geom.	1.892 1.810	2.363 2.489	2.291 2.391 2.408	3.463 3.527 3.515 3.681 3.725	2.145	157.7
		BO	2.00 2.48	0.67 0.42	0.79 0.65 0.60	0.12 0.07 0.06	0.36	
a38′[③]	$[(UO_2)(H_2O)_3]^{2+}$	Geom.	1.878 1.807	2.486 2.559 2.626	2.329 2.419 2.459	3.472 3.530 3.566 3.743 3.812	2.162	161.5
				4.157				
		BO	2.03 2.44	0.52 0.42 0.40	0.75 0.58 0.57	0.12 0.07 0.06	0.32	
a39_s[④]	$[(UO_2)(H_2O)_2]^{2+}$ $\cdot (H_2O)$[⑤]	Geom.	1.879 1.801	2.362 2.472 4.214	2.284 2.397 2.552	3.495 3.525 3.486 3.698 3.734	2.143	160.4
		BO	2.02 2.48	0.64 0.44	0.79 0.64 0.45	0.11 0.06	0.32	
a39_d[d]	$[(UO_2)(H_2O)_3]^{2+}$	Geom.	1.869 1.796	2.563 2.562 2.555	2.378 2.444 2.435	3.520 3.595 3.577 3.772 3.846	2.184	161.3
		BO	2.04 2.46	0.42 0.41 0.40	0.64 0.59 0.58	0.11 0.06	0.26	

续表

SNC[①]	水合铀酰配合物		U＝O	U—OH₂	U—O$_{surf}$	U—Ti	O$_{yl}$—Ti	O＝U＝O
a40	$[(UO_2)(H_2O)_3]^{2+}$	Geom.	1.837 1.783	2.543 2.538 2.539	2.337 2.353	3.896 3.799 3.766 3.852 3.861	2.349	174.4
		BO	2.15 2.43	0.40 0.40 0.41	0.75 0.74	0.07	0.19	

① 锐钛矿型 SNCs 包括 $(TiO_2)_{38}$(**a38**)、$(TiO_2)_{38}(H_2O)$(**a38′**)、$[(TiO_2)_{38}(TiO)]^{2+}$(**a39**) 和 $[(TiO_2)_{38}(TiO)_2]^{4+}$(**a40**)。

② 首先与铀酰结合的一个水分子经过优化后移动到锐钛矿表面修复 TiO 缺陷，发现这一水分子位于铀酰的第二配位壳层。因此，**a38**-$[(UO_2)(H_2O)_2]^{2+}$·(H_2O) 又被称为 **a38′**-$[(UO_2)(H_2O)_2]^{2+}$。

③ 在 **a38′**-$[(UO_2)(H_2O)_2]^{2+}$ 中加入一水分子进一步计算，得到 **a38′**-$[(UO_2)(H_2O)_3]^{2+}$ 的结构。

④ 位于锐钛矿（101）**a39** 表面相同侧和不同侧的 TiO 缺陷吸附铀酰物种，分别对应于 **a39_s** 和 **a39_d**。

⑤ **a39_s**-$[(UO_2)(H_2O)_2]^{2+}$·(H_2O) 也可写作 **a39_s**·(H_2O)-$[(UO_2)(H_2O)_2]^{2+}$。

应用 Priroda 程序时几何优化梯度收敛到 10^{-5}au，自洽场的能量判据是 10^{-6}au。此外，还使用了 10^{-3}au 的梯度标准来优化水合铀酰-**dry/sol** 配合物。比较发现各种配合物的几何参数、键级和原子电荷比较接近（表 4-6）。因此，水合铀酰被吸附到金红石型 **dry** 和所有锐钛矿型 SNCs 上优化时采用 10^{-5}au 的判据，而为节省计算资源其他吸附物使用较低判据。

表 4-6 采用 10^{-5}au 和 10^{-3}au 梯度标准优化的 **dry/sol** SNCs 吸附水合铀酰复合物的几何参数、键级（BO）和原子电荷（Q）

（键长单位：Å；键角：°）

SNC		U＝O	U—OH₂	U—O$_{surf}$	U—Ti	O＝U＝O	O＝U—Ti
dry(10^{-5})	Geom.	1.794 1.798	2.562 2.577 2.515	2.291 2.306	3.390	171.0	92.3 96.7
	BO	2.39 2.38	0.40 0.39 0.41	0.76 0.74	0.00		
dry(10^{-3})	Geom.	1.794 1.798	2.558 2.576 2.515	2.294 2.304	3.392	171.1	91.9 97.0
	BO	2.39 2.38	0.41 0.39 0.41	0.76 0.74	0.00		

SNC		U=O	U—OH$_2$	U—O$_{surf}$	U—Ti	O=U=O	O=U—Ti
sol(10^{-5})	Geom.	1.846 1.847	2.550 2.587 2.595	2.150 2.213	3.313	168.6	91.9 99.4
	BO	2.17 2.16	0.44 0.40 0.39	1.12 0.96	0.00		
sol(10^{-3})	Geom.	1.847 1.847	2.590 2.593 2.550	2.162 2.201	3.310	168.1	92.7 99.1
	BO	2.16 2.15	0.39 0.39 0.39	1.09 0.99	0.00		

SNC		U	O$_{yl}$	O$_{eq}$	O$_{surf}$	Ti
dry(10^{-5})	Q	1.007	−0.269 −0.259	−0.372 −0.369 −0.372	−0.526 −0.526	1.364
dry(10^{-3})	Q	1.007	−0.268 −0.260	−0.372 −0.369 −0.373	−0.526 −0.526	1.36
sol(10^{-5})	Q	0.987	−0.383 −0.384	−0.378 −0.378 −0.375	−0.503 −0.514	1.291
sol(10^{-3})	Q	0.991	−0.385 −0.385	−0.377 −0.378 −0.375	−0.506 −0.512	1.291

使用 ADF 2014 程序，①计算吸附能以证实 Priroda 结果的准确性；②计算中考虑基组重叠误差（basis set superposition error，BSSE）；③为分析铀酰-二氧化钛相互作用的本质，进行了吸附能分解计算；④计算反应物和产物的溶剂化能，得出水溶液中的反应能；⑤在考虑第一配位壳层水分子的超分子和外加自洽反应场溶剂化模型下，计算凝聚态介质（溶液）中的吸附剂-吸附质复合物的电子结构，见后面的具体描述。

在 ADF 计算中，采用默认的收敛判据 10^{-6}au，积分格点参数为 $6.0 \times 6.0 \times 6.0$。这部分计算采用 Priroda 优化的结构，而没有重新结构优化。这是因为以前的研究工作已经表明，再优化对配合物的结构参数和分子性质只有很小的影响。通过 COSMO（conductor-like screening model）模型模拟外加自洽场的溶剂化效应，其中水的介电常数为 78.39，使用 Esurf 空穴。金属原子和主族原子都采用 Klamt 半径，数值分别为：U＝1.70Å、Ti＝2.10Å、O＝1.72Å、C＝2.00Å 和 H＝1.30Å。计算中使用 van Lenthe 等人的标量相对论 ZORA 方法、GGA-PBE 泛函和 Slater 型 ZORA-TZP 基组（标记为 B-Ⅱ）。对 U 的 1s-4f、Ti 的 1s-2p、C/N/O 的 1s 内核轨道进行冻结近似处理。因此，在小核基组下考虑 U 的 32 个价电子（$5s^2 5p^6 5d^{10} 6s^2 6p^6 5f^3 6d^1 7s^2$）和 Ti 的 12 个价电子（$3s^2 3p^6 4s^2 3d^2$）。

4.3
结果与讨论

4.3.1 几何结构

4.3.1.1 各种金红石 SNCs 吸附水合铀酰

在金红石二氧化钛(110) 晶体结构基础上，设计和优化了各种表面性质的纳米团簇 SNCs。例如 **dry**、**sol** 和 **sat**，见表 4-1。这些 SNCs 具有足够大的表面积使得裸露的(110) 晶面上通过桥连和/或端基氧原子吸附水合铀酰离子。优化后的配合物结构如图 4-4(a)～(d) 所示，相应的几何参数和键级列于表 4-3 中。

在水合铀酰-**dry**复合物中，两个 U—O_{surf} 键的键长分别为 2.29Å 和 2.31Å，其中 O_{surf} 表示纳米粒子表面的桥连氧原子。在铀酰离子赤道方向配位的三个水分子与铀中心的距离范围在 2.52～2.58Å 范围。一方面，这种铀酰阳离子周围赤道方向 5 个配体的配位模式符合之前实验中二氧化钛吸附铀酰的 EXAFS 结构测定结果；另一方面，也符合实验合成和理论计算的不同配体配位的铀酰配合物结构。计算的 U—O_{surf} 键长比实验值 2.33Å 略短（平均值 0.03Å），但 U—OH_2 键长超过实验值 0.06Å。U—Ti 间距离计算值为 3.39Å，而最近的 MD 计算结果为 3.24Å，这些都比实验值 3.05Å 长。表明理论模型（无论是团簇还是 PBC）与实验相比有些偏差。近似线型的 O＝U＝O 键角计算值为 171°，两个 O_{yl} 原子远离吸附剂表面，这可以从计算的 O＝U—Ti 键角（92°和 97°）反映出。计算的 U＝O 键长是 1.80Å（平均值），对应的键级 2.39（平均值），证明

U=O 具有部分三键特征。赤道方向配位的 U—O$_{surf}$ 键级是 0.75（平均值），U—OH$_2$ 键级为 0.40（平均值）。可以看出，铀酰和 SNCs 上的每个桥联氧原子几乎形成一个单键，暗示它们之间有强吸附相互作用。

对部分水合 **sol** 复合物，计算得到 U—O$_{surf}$ 键长（2.15～2.21Å）和 U—Ti 键长（3.31Å）比 **dry** 复合物的键长稍短一些。相应地，计算的水合铀酰-**sol** 复合物 U—O$_{surf}$ 键级要大些，超过 1.0。它的 U=O 键长比铀酰-**dry** 复合物长 0.05Å，键级小 0.21。这个结果一方面是由铀酰-**sol** 中赤道方向 U—O$_{surf}$ 键的增强（赤道方向的 π 键竞争）引起的；另一方面，形成的键长范围从 1.79Å 到 1.96Å 的 O$_{yl}$---H 氢键（图 4-5），也导致 U=O 键增长。进一步引入质子到吸附剂表面会轻微改变所形成的水合铀酰-**sat** 复合物的几何参数。

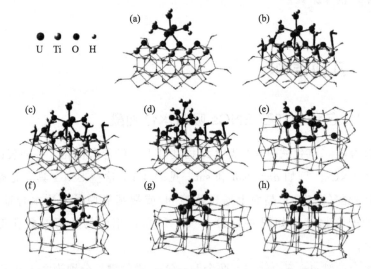

图 4-4　优化的各种 TiO$_2$ SNCs 结构，包括金红石（110）的 **dry**(a)、**sol**(b)、

sat(c)、**sol_bt**(d)，锐钛矿（101）的 **a38**(e)、**a38′**(f)、**a39**(g)、**a40**(h)，其中 **sol**

和 **sol_bt** 对应两种 sol SNC-水合铀酰的吸附模式

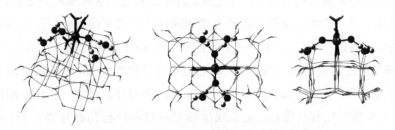

图 4-5　优化的水合铀酰-**sol** 复合物结构，其中用虚线表示 O$_{yl}$ 与

表面水分子间的氢键，后两种结构分别对应于俯视图和侧视图

另外，对 **sol**（金红石二氧化钛）上 *bt* 吸附模式的铀酰复合物也进行了计算。比较发现，*bt* 复合物比 *bb* 的总能高 0.57eV、自由能高 0.60eV。这个范围恰好落在使用 PBC 方法计算范围内（0.05eV、0.11eV 和 0.09eV）。在这两种类型的复合物中获得了相近 U—O$_{surf}$ 键长，*bt* 复合物表面的氧原子对应一个桥联和一个端基氧原子。由于两个铀酰氧原子（O$_{yl}$）在两种配合物中的化学环境差异，使 *bt* 配合物中的两个 U═O 距离分别是 1.81Å 和 1.85Å，而 *bb* 配合物两个 U═O 距离大致相同。接下来，除非另有说明，只讨论在金红石二氧化钛(110) SNC 上较稳定的 *bb* 吸附模式的复合物。

采用 PBC 方法，Roques 和他的合作者计算了铀酰-金红石(110) 体系的几何结构参数。例如，对于 *bb* 和 *bt* 模式复合物优化，得到 U═O 键长分别是 1.92Å 和 1.90Å，比我们的计算结果 1.85Å 和 1.83Å（平均值）稍长。PBC 计算应用投影增强波方法产生的平面波基组，计算中对 U、Ti 和 O 各使用 14、4 和 6 个价电子。其大核有效核势（LC-ECPs）的使用明显高估了键长。这与本书的全电子相对论哈密顿和全电子高斯基组是不同的。对于 *bb* 吸附模式的复合物，计算的 U—Ti 键长接近 PBC 结果。但对于 *bt* 吸附模式我们的团簇模型计算的 U—Ti 键长比 PBC 结果稍长。类似的结果同样出现在 U—OH₂ 距离中。团簇和 PBC 方法计算的 O═U═O 的键角范围从 166°到 172°不等，这对应于近似线型的铀酰结构。

4.3.1.2　金红石 **dry** SNC 吸附各种铀酰吸附质

除了 $[UO_2(H_2O)_n]^{2+}$ 之外，U(Ⅵ) 的物种形态图表明，在自然环境中 6 价铀物种如 $[UO_2(CO_3)_m]^{2-2m}$ 和 $[UO_2(OH)_x]^{2-x}$ 也很重要。碳酸铀酰离子主要存在于 pH 值大于 5 的环境中，而羟基铀酰将主要存在于 pH 值在 11 左右的环境中。因此，考虑用碳酸根和羟基配体在赤道方向饱和铀酰-**dry** 复合物，在碳酸配位时，我们模拟了二氧化碳浓度逐渐增加的过程，即添加一个或两个碳酸配体取代原来铀酰配合物中水分子的位置。

由表 4-4 和图 4-6 看出，$[UO_2(CO_3)_2]^{2-}$ 和吸附剂之间距离较大，例如，计算的 U—O$_{surf}$ 键长为 2.96/3.43Å 和 U—Ti 键长为 4.05Å。正如预期的那样，得到近似线型的 O═U═O 键角为 168°。但是和 $[UO_2(OH_2)_3]^{2+}$-吸附剂复合物相比不同的是，O═U—Ti 键角为 78°和 90°，表明一个 O$_{yl}$ 原子靠近吸附剂表面。与水合铀酰-**dry** 复合物相比，碳酸铀酰-**dry** 复合物中计算的 U═O 键长（1.82Å 和 1.83Å）稍长，U—O$_{CO_3}$ 键的键长范围为 2.33～

2.43Å。相应的在碳酸根复合物中 U＝O 键级稍有下降。混合了水和碳酸配体的复合物 $UO_2(H_2O)_n(CO_3)$-**dry**（$n=1$ 和 2）可以看作中间过渡结构。例如，U—O_{surf} 键的距离计算值在 2.62～2.80Å 范围内，U—Ti 键的距离在 3.54Å 和 3.67Å 之间。在这些水合碳酸根复合物中，存在 O_{yl}（铀酰氧）原子接近吸附剂表面的倾向。总之，上述复合物的计算结果确实反映出随着二氧化碳的加入，吸附质从纯水变化到混合的水-碳酸再到纯碳酸铀酰离子，这使得吸附质逐渐远离吸附剂表面而铀酰氧原子则逐渐靠近吸附剂。

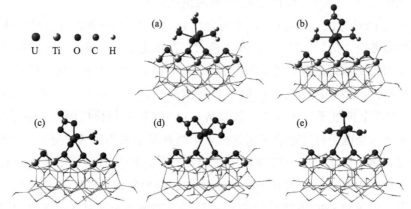

图 4-6　优化的金红石 **dry** SNC 吸附各种配位铀酰的结构

(a) $[UO_2(H_2O)_3]^{2+}$；(b) $UO_2(H_2O)_2(CO_3)$；(c) $UO_2(H_2O)(CO_3)$；

(d) $[UO_2(CO_3)_2]^{2-}$；(e) $[UO_2(OH)_3]^-$

当升高溶液 pH 值到强碱性条件下，吸附质将从水合铀酰向羟基铀酰转变。关于它们在二氧化钛上的吸附，发现吸附质改变后铀酰部分远离了吸附剂。如表 4-4 所示，在羟基铀酰复合物中计算的 U—Ti(4.25Å) 距离和 U—O_{surf} 距离（3.33Å 和 3.49Å）比水合铀酰复合物中相应键长要长很多。U—OH 键级均大于 1，表明在这类分子复合物中有部分 π 键特征。

从配位化学角度来看，铀酰离子与配体（H_2O、CO_3^{2-} 或 OH^-）和吸附剂氧原子（O_{surf}）是沿赤道平面方向配位的。这些配位供体相互竞争，在水合铀酰-**dry**复合物中，$H_2O{\rightarrow}U$ 之间的配位相对薄弱，同时 O_{surf} 原子与铀中心是以共价键结合的。相比之下，CO_3^{2-} 和 OH^- 与铀的配位比 O_{surf} 与铀的配位更强，这将迫使与它们配位的铀酰吸附质远离吸附剂表面。

总之，结构优化表明改变溶液 pH 和加入二氧化碳能调控铀酰在二氧化钛表面的吸附和解吸。下面的能量计算将进一步解析这些过程。

4.3.1.3 多种锐钛矿 SNCs 吸附水合铀酰

为与金红石(110) 对比，还计算了多种锐钛矿（101）SNC 吸附水合铀酰离子形成的复合物（见表 4-5）。首先，把中性、符合化学计量比且在每个表面上有一个缺陷的二氧化钛团簇 **a38** 模型用于计算（见图 4-4）。有趣的是，以 $[UO_2(OH_2)_3]^{2+}$-**a38** 为起始模型，优化后的结构则最好描述为 $[UO_2(OH_2)_2]^{2+} \cdot (H_2O)$-**a38**，后者是能量上最优的构型。其中有一个水分子，最初在铀酰的第一配位壳层，优化后转移到 TiO₂ 表面缺陷上方去修复缺陷。一方面，这与以前的实验有缺陷的二氧化钛表面暴露于液态水中可以自行修复缺陷相符合。另一方面，说明在铀酰离子赤道方向饱和配位的水分子更喜欢去修复缺陷。事实上，在水修复缺陷过程中形成了一些氢键，有助于稳定整个系统。在离开铀酰的那个水分子与暴露在 **a38** 缺陷附近的氧原子之间形成了两个氢键。同时，离开的那个水分子通过氢键又与铀酰周围剩余的一个水分子相连。计算还表明，离开的那个水分子出现在铀酰的第二配位壳层，这由计算的 U—OH₂ 间 4.04Å 距离可以反映出来。

为了弥补 **a38** 表面暴露的缺陷，更好地表示吸附剂-水界面，我们设计和优化了外带一个水分子的另一个中性团簇 $(TiO_2)_{38}(H_2O)$（**a38′**）。它吸附水合铀酰形成了一种能量稳定的 $[UO_2(OH_2)_3]^{2+}$-**a38′** 复合物。能量计算表明从生成 **a38′** 的第一个反应到最后生成 $[UO_2(OH_2)_2]^{2+} \cdot (H_2O)$-**a38** 反应都是放热过程。参见表 4-7 中列出的相关反应能。因此，具有稳定结构的 $[UO_2(OH_2)_3]^{2+}$-**a38′** 是模拟有缺陷的二氧化钛表面吸附水合铀酰物种的一个很好的模型。

表 4-7　用 Priroda 程序计算的气相中的反应能

反应	ΔE[①]	ΔE_0[①]	ΔG[①]
a38+H_2O══**a38′**	−1.17	−1.03	−0.51
a38′+$[UO_2(H_2O)_5]^{2+}$══**a38′**−$[(UO_2)(H_2O)_3]^{2+}$+$2H_2O$	−2.19	−2.36	−2.44
a38−$[(UO_2)(H_2O)_2]^{2+} \cdot (H_2O)$+$H_2O$══**a38′**−$[(UO_2)(H_2O)_3]^{2+}$	−0.76	−0.64	−0.19
a38+$[UO_2(H_2O)_5]^{2+}$══**a38′**−$[(UO_2)(H_2O)_3]^{2+}$+H_2O	−3.36	−3.39	−2.95
a38+$[UO_2(H_2O)_5]^{2+}$══**a38**−$[(UO_2)(H_2O)_2]^{2+} \cdot (H_2O)$+$2H_2O$	−2.60	−2.75	−2.76

① ΔE、ΔE_0 和 ΔG 分别表示总能量、气相中总能量包括的零点振动能和反应自由能。

通过在 **a38** 中添加一个和两个 TiO 单元形成表面无缺陷的 $[(TiO_2)_{38}(TiO)]^{2+}$（**a39**）和 $[(TiO_2)_{38}(TiO)_2]^{4+}$（**a40**）SNCs，我们也用这些表面团簇离子吸附水合铀酰离子。**a40** 和 **a39_d** 的完美表面吸附水合铀酰后，吸附质

部分具有 $[UO_2(OH_2)_3]^{2+}$ 结构离子。**a39_*d*** 表示吸附质（铀酰）与锐钛矿（101）的 TiO 缺陷位于不同表面上。相反的，与 **a38** 复合物结构类似，优化后 **a39_*s*** 复合物吸附质 $[UO_2(OH_2)_3]^{2+}$ 的一个水分子脱离第一配位壳层束缚、去修复同侧晶体表面上的缺陷。这再次证明与在赤道方向饱和配位铀酰离子相比，水分子更偏爱去修复缺陷。

除了表面缺陷对水合铀酰-吸附剂复合物的影响，研究还发现锐钛矿（101）的独特结构会导致一个 O_{yl} 原子和表面的钛原子成键。这由计算的 **a40** 复合物中 O_{yl}—Ti 间键长为 2.35Å 和其他复合物中 2.14～2.18Å O_{yl}—Ti 键长所反映（表 4-5）。这种成键作用直接增长了其相邻 U=O 键距离，比它们的另一个 U=O 键长了 0.05～0.08Å；前一个 U=O 键级从 2.00 变化到 2.15，比后一个则小 0.41（平均值）。与有两个 U—O_{surf} 键的金红石（110）复合物不同，除 **a40** 外锐钛矿（101）复合物有三个 U—O_{surf} 键，键长范围在 2.28～2.55Å 之间，键级范围在 0.45～0.79 内。总之，与金红石复合物相比，发现水合铀酰与锐钛矿间有更多的成键相互作用。由此推断，锐钛矿比金红石更容易吸附水合铀酰离子。这个假设将被后面计算的吸附能进一步证明。

4.3.2 能量计算

为理解铀酰与团簇 SNCs 表面吸附作用的本质，对铀酰在团簇 SNCs 表面的吸附能进行了计算。两种吸附能的计算公式如下：

$$\Delta E_1 = E_{LU\text{-}SNC} - E_{LU} - E_{SNC} \tag{4-1}$$

$$\Delta E_2 = E_{LU\text{-}SNC} - E'_{LU\text{-}SNC} \tag{4-2}$$

ΔE 表示相互作用能（interaction energy，IE），这里指吸附能。$E_{LU\text{-}SNC}$ 是优化的 LU-SNC 复合物的能量。E_{LU} 和 E_{SNC} 分别是 LU（吸附质）和 SNC（吸附剂）的能量。式(4-2) 中，$E'_{LU\text{-}SNC}$ 对应的是 LU 和 SNC 相距 8Å 的体系能量；其中铀-吸附剂表面的距离被设定为从铀中心到通过吸附剂表面桥联氧原子平面的垂直距离。ΔE_1 和 ΔE_2 均采用 Priroda 程序计算。基于频率计算，ΔE_1 被延展至气相中的其他热力学参数，包括零点振动能（ΔE_0）和吉布斯自由能（ΔG）等（表 4-8 和表 4-9）。另外，用 ADF 程序进一步计算了溶剂化能得到水溶液中的自由能 $\Delta G(sol)$。为了验证 Priroda 程序计算能量的准确性，又采用 ADF 程序计算了 E_1 能量，标记为 $\Delta E_1(ADF)$；还考虑了 BSSE 校正，用 $\Delta E_1^{BSSE}(ADF)$ 表示（表 4-10）。除非另有说明，本章中将主要讨论 Priroda

计算的吸附能。此外，计算了 LU-SNC 复合物的生成反应能（reaction energy，RE），用于验证二氧化钛表面吸附水合铀酰离子的热力学可行性。反应如下：

$$[UO_2(H_2O)_5]^{2+} + SNC \Longrightarrow [UO_2(H_2O)_3]^{2+} - SNC + 2H_2O \quad (4-3)$$

在表 4-8 中列出计算的各种形式的能量，包括气相中的 $\Delta_r E$、$\Delta_r E_0$、$\Delta_r G$ 和水溶液中的 $\Delta_r G(sol)$。这些能量是在优化的每个反应物和产物结构基础上计算得到的。

表 4-8　各种 SNCs 吸附水合铀酰的吸附能和反应能　　　　单位：eV

项目	IE(Eq. 1)[①]				RE(Eq. 3)[①]				
	ΔE[②]	ΔE_0[②]	ΔG[②]	ΔG (sol)[③]	$\Delta_r E$[②]	$\Delta_r E_0$[②]	$\Delta_r G$[②]	$\Delta_r G$ (sol)[③]	$\Delta_r G$ (sol)$_{corr}$[④]
a38-1[⑤]	−10.78	−10.65	−9.95	—[⑥]	−2.60	−2.75	−2.76	—	—
a38-2[⑤]	−12.15	−12.04	−11.38		−1.43	−1.71	−2.25	—	—
a38′	−11.30	−11.19	−10.44		−2.19	−2.36	−2.44	—	—
a39_d[⑦]	−2.39	−2.27	−1.61		5.06	4.87	4.69	—	—
a40	5.55	5.65	6.22		12.19	11.96	11.75	—	—

① 参见文中式(4-1) 和式(4-3) 的定义，其中 IE 表示相互作用能，RE 表示反应能。
② ΔE、ΔE_0 和 ΔG 分别表示总能量、气相中总能量包括的零点振动能和反应自由能。
③ $\Delta G(sol)$ 代表水中的自由能，即 $\Delta G(sol) = \Delta G(gas) + \Delta G_{sol}$ 和 $\Delta G_{sol} = \sum \nu_B G_{sol}(B)$，$G_{sol}(B)$ 为式(4-1) 和式(4-3) 中由 ADF 程序计算得到的每个分子（B）的溶剂化自由能。
④ $\Delta_r G(sol)_{corr}$ 是在水溶液相中相对于水分子的熵校正自由能。根据参考文献，式(4-3) 中每个水分子的值为 0.186eV。
⑤ 从 **a38**-$[UO_2(H_2O)_3]^{2+}$ 的结构入手，对 **a38**-$[(UO_2)(H_2O)_2]^{2+} \cdot (H_2O)$ 进行了优化，使其具有能量稳定性。据此，采用两种配分法计算吸附能，即 a38 和 $[(UO_2)(H_2O)_2]^{2+} \cdot (H_2O)$，以及 **a38** $\cdot (H_2O)$ 和 $[(UO_2)(H_2O)_2]^{2+}$，分别表示为 **a38-1** 和 **a38-2**。
⑥ 在水溶液中没有使用 ADF 程序进行进一步的计算。
⑦ a39_d 表示 TiO 缺陷和吸附$[(UO_2)(H_2O)_3]^{2+}$ 在 a39(101) 面上的不同位置。

表 4-9　dry SNC 吸附多种铀酰的吸附能　　　　单位：eV

LU	IE(Eq. 1)[①]		
	ΔE	ΔE_0	ΔG
$[UO_2(H_2O)_3]^{2+}$	−8.54	−8.45	−7.82
$UO_2(H_2O)_2(CO_3)$	−1.23	−1.22	−0.55
$UO_2(H_2O)(CO_3)$	−1.62	−1.61	−0.92
$[UO_2(CO_3)_2]^{2-}$[②]	−0.21	−0.32	0.30
$[UO_2(OH)_3]^{-}$	−0.44	−0.48	0.15

① 参见文中式(4-1) 的定义，其中 IE 为相互作用能。
② 其中一个片段的 SCF 计算没有收敛，由此根据计算结果粗略估计能量。

4.3.2.1 多种金红石 SNCs 吸附水合铀酰

通过 Priroda 程序计算的结果表明，不同表面性质如洁净无水的、部分水合的和质子饱和的吸附剂显著影响着它们对铀酰的吸附能力（表 4-10）。更负的吸附能意味着吸附质与吸附剂之间有更强的相互作用。

表 4-10   用不同程序计算的各种 SNC 吸附水铀酰的吸附能（eV），

其中在 ADF 计算中考虑了基组叠加误差（BSSE）校正

SNC	Priroda			ADF		
	ΔE_1	ΔE_2	$\Delta_r E$	ΔE_1	ΔE_1^{BSSE}	E^{BSSE}
a38-1[①]	-10.78	-7.06	-2.60	-10.55	-10.27	0.28
a38-2[①]	-12.15	-7.72	-1.43	—[③]	—	—
a38′	-11.30	-7.42	-2.19	-11.22	-10.92	0.29
a39_d[②]	-2.39	-4.58	5.06	—	—	—
a40	5.55	-2.19	12.19	5.63	5.87	0.24

① 从 **a38**-$[UO_2(H_2O)_3]^{2+}$ 的结构入手，对 **a38**-$[(UO_2)(H_2O)_2]^{2+} \cdot (H_2O)$ 进行了优化，使其具有能量稳定性。据此，采用两种配分法计算吸附能，即 a38 和 $[(UO_2)(H_2O)_2]^{2+} \cdot (H_2O)$，以及 **a38** $\cdot (H_2O)$ 和 $[(UO_2)(H_2O)_2]^{2+}$，分别表示为 **a38-1** 和 **a38-2**。

② **a39_d** 表示 TiO 缺陷和吸附的铀酰物种位于锐钛矿（101）**a39** 表面的不同侧。

③ 没有用 ADF 程序进行进一步的计算。

如表 4-10 所示，由 ADF 与 Priroda 计算的 ΔE_1 值非常接近。和 Priroda 结果相比，所有 ADF 计算的 ΔE_1 值显示出有规律的增加，增加值范围在 $0.35 \sim 0.45 eV$ 之间。ADF 算出的 BSSE 校正能（E^{BSSE}）范围在 $0.20 \sim 0.29 eV$ 内。E^{BSSE} 值因其相对 ΔE_1 值较小，所以可以忽略。此外，运用 ADF 计算 ΔE_1 的能量分解数据，将帮助我们了解铀酰在二氧化钛表面吸附（或相互作用）的本质。能量分解公式如下：

$$\Delta E_1 = E_{Electro} + E_{Pauli} + E_{Orbit} \tag{4-4}$$

$$\Delta E_1 = E_{Steric} + E_{Orbit} \tag{4-5}$$

$$\Delta E_1 = E_{Electro} + E_{Kinetic} + E_{Coulm} + E_{XC} \tag{4-6}$$

在上述公式中，$E_{Electro}$、E_{Pauli}、E_{Orbit} 和 E_{Steric} 分别表示静电吸引相互作用能、Pauli 排斥能、成键轨道相互作用能和空间相互作用能。符号 $E_{Kinetic}$、E_{Coulm} 和 E_{XC} 分别对应于动能、库仑能和交换相关能。ΔE_1 分解的结果列在表 4-11 中。在 Bickelhaupt 和 Baerends 的论文中有对式(4-4)～式(4-6)中能量的详细讲解和描述。

表 4-11 用 ADF 程序计算的 LU 与 SNC 间吸附能（eV）的分解数值

LU-SNC 配合物		$E_{Electro}$	$E_{Kinetic}$	E_{Coulm}	E_{XC}	E_{Pauli}	E_{Steric}	E_{Orbit}	ΔE_1
LU	SNC								
$[UO_2(H_2O)_3]^{2+}$	**a38**[①]	−9.71	42.86	−34.62	−9.09	11.40	1.69	−12.24	−10.55
$[UO_2(H_2O)_3]^{2+}$	**a38′**	−9.27	40.33	−31.92	−8.92	10.71	1.44	−11.22	−9.78
$[UO_2(H_2O)_3]^{2+}$	**a40**	7.39	29.18	−25.74	−5.21	6.48	13.88	−8.25	5.63
$UO_2(H_2O)_2(CO_3)$	**dry**	−1.48	7.14	−5.16	−1.59	1.49	0.02	−1.10	−1.09
$UO_2(H_2O)(CO_3)$	**dry**	−1.99	9.40	−6.96	−1.88	2.19	0.20	−1.64	−1.44
$UO_2(OH)_3^-$	**dry**	−0.20	2.60	−2.22	−0.48	0.33	0.13	−0.42	−0.29

① 从 **a38**-$[UO_2(H_2O)_3]^{2+}$ 的结构入手，对 **a38**-$[(UO_2)(H_2O)_2]^{2+}\cdot(H_2O)$ 进行了优化，使其具有能量稳定性。用 **a38** 和 $[(UO_2)(H_2O)_2]^{2+}\cdot(H_2O)$ 两个片段计算吸附能。

4.3.2.2 铀酰吸附质和锐钛矿纳米粒子的变化

在这一部分中，将首先讨论多种铀酰吸附质（LU）在金红石 **dry** SNC 表面上的吸附能。如表 4-12 和图 4-7 所示，碳酸根与铀酰离子的配位大大降低了吸附作用。例如，吸附质 $UO_2(H_2O)_2(CO_3)$、$UO_2(H_2O)(CO_3)$ 和 $[UO_2(CO_3)_2]^{2-}$ 在 **dry** 金红石 SNC 表面的 $\Delta E_1/\Delta E_2$ 值分别是 −1.23eV/−1.20eV、−1.62eV/−1.57eV 和 −0.21eV/−0.05eV。羟基基团的影响与之相似，产生的吸附能是 −0.44eV/−0.14eV。

表 4-12 不同程序计算的 dry SNC 上各种铀酰（LU）的吸附能（eV），

其中 ADF 计算中考虑了 BSSE 校正

LU	Priroda		ADF		
	ΔE_1	ΔE_2	ΔE_1	ΔE_1^{BSSE}	E^{BSSE}
$[UO_2(H_2O)]_3^{2+}$	−8.54	−5.37	−8.19	−7.99	0.20
$UO_2(H_2O)_2(CO_3)$	−1.23	−1.20	−1.09	−0.96	0.12
$UO_2(H_2O)(CO_3)$	−1.62	−1.57	−1.44	−1.31	0.13
$[UO_2(CO_3)]_2^{2-}$	−0.21[①]	−0.05	0.10[②]	0.21	0.11
$UO_2(OH)_3^-$	−0.44	−0.14	−0.29	−0.23	0.06

① 其中一个片段的 SCF 计算没有收敛，根据计算结果粗略估计 ΔE_1 的值为 −0.21eV。
② 在气相计算中整个分子没有收敛。因此，我们使用在水溶液中计算的能量代替，然后将溶剂化能减去。

此外，通过 ADF 程序计算的吸附能（ΔE_1）与 Priroda 的相比值接近但稍大一些（表 4-12）。计算出的 E^{BSSE} 值范围在 0.06～0.20eV 内。能量分解（表 4-11）表明，吸附质和吸附剂间的空间相互作用能很小，在 −0.10～0.20eV 之间。因此，轨道相互作用决定了二氧化钛和水合/碳酸根/羟基-铀酰

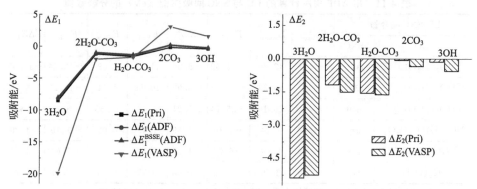

图 4-7　用不同程序计算的在 **dry** SNC 上吸附的各种铀酰物种的吸附能：
ΔE_1（左）和 ΔE_2（右），其中 VASP 值 ΔE_2 来自于我们以前的工作

离子之间的吸附行为。这为通过调控铀酰配位环境来影响二氧化钛吸附能力提供了半定量证据。不幸的是，纯碳酸铀酰在 **dry** 表面的吸附能分解计算未能得到（对其复合物片段的计算不收敛）。图 4-7（右）列出了我们 Priroda 程序（团簇模型方法）的计算结果和以前 VASP 程序（PBC 方法）计算出来的ΔE_2值。二者小于 5％ 的差异表明我们的 SNC 模型具有足够大的尺寸和表面积，能够恰当地表示 PBC 方法中的统计特征。此外，也说明用当前的团簇模型来描述真实二氧化钛纳米粒子的界面性质是很可靠的。

现在来关注锐钛矿（101）表面。它的结构特征包括不同的晶面（有缺陷的和无缺陷的）、不同的电荷（0、＋2 和＋4）以及 Ti 和 O 的不同原子比（化学计量比和非化学计量比），但这些仅考察了对水合铀酰的吸附。与金红石 **dry** 相比，电中性的锐钛矿 **a38** 和 **a38′** 具有更强的吸附作用（见表 4-10）。这种差异是由于金红石（110）和锐钛矿（101）表面原子的排列不同所引起的。它们的优化结构显示（见表 4-3 和表 4-5），在锐钛矿型吸附铀酰的表面形成了更多的 U—O_{surf} 键和 O_{yl}—Ti 键。此外，无论考虑什么类型能量（ΔE_1、ΔE_2 和$\Delta_r E$），**a38′** 的吸附能都位于 **a38-1** 和 **a38-2** 之间。**a38-1** 和 **a38-2** 的具体说明参见表 4-10 的注。

与用一个水分子修复 **a38** 表面缺陷的 **a38′** 不同，将一个或两个 TiO 单元加入到 **a38** 中构筑了含有完美晶面的模型 **a39** 和 **a40**。由于正电荷的增加，导致计算的铀酰在这些团簇表面的吸附能值更正了。ADF 计算的能量分解（表 4-11）表明，**a38** 和 **a38′** 上的吸附作用主要由轨道吸引所贡献，但对于 **a40** 吸附铀酰来说，空间相互作用能超越了轨道相互作用占主导地位。

从表 4-10 和表 4-12 看出，对于中性的 SNCs，所有计算的吸附能变化趋

势均为 $\Delta E_1 < \Delta E_2$，而带正电荷的 SNCs，例如 **sat**、**a39**、**a40** 给出相反的顺序。仔细检查式(4-1) 和式(4-2) 发现，ΔE_1 应该较低，因为它代表 ΔE_2 的下限。所以，当给出 SNC 和吸附质两个片段的电荷，计算出的 ΔE_2 值表明库仑斥力的影响衰减为 $1/r$。

4.3.3 电子结构

图 4-8 和图 4-9 分别绘制了水合铀酰-**dry** 复合物的态密度（DOS）图和重要分子轨道（MO）图。计算的最高占据分子轨道和最低未占分子轨道（HOMO-LUMO）能隙值为 2.07eV。这个复合物的高占据轨道［从 HOMO 到 HOMO-34(H-34)］主要是吸附剂的 $2p(O_{surf})$ 轨道特征。$f\sigma(U\!=\!O)$、$f\pi(U\!=\!O)$ 和 $d\pi(U\!=\!O)$ 轨道位于更低的能级区域（图 4-9）。铀酰离子周围的水配体对高占据轨道几乎没有什么贡献。复合物有五个基于 $5f(U)$ 特征的低占据空轨道，LUMO～LUMO+4(L+4)，其中一些 $3d(Ti)$ 特征轨道混合到了 LUMO 和 L+4 中。在 L+4 以上的高能级区域，从 L+5 到 L+49 轨道大部分都被 $3d(Ti)$ 性质轨道填充。由于 $5f\pi(U)$ 和 $2p\pi(O_{yl})$ 轨道之间的排斥作用，使产生的 $\pi^*(U\!=\!O)$ 特征轨道出现在更高的能量区内。

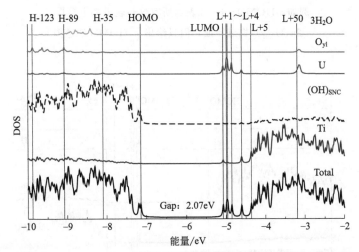

图 4-8 金红石(110) **dry** SNC 吸附水合铀酰形成复合物的态密度，其中 U、O_{yl} 和
$3H_2O$（上面 3 条曲线）构成铀酰离子，SNC 包括 Ti 和 $(OH)_{SNC}$ 两部分

水合铀酰-**sol** 复合物（见图 4-10 和图 4-11）与水合铀酰-**dry** 的电子结构类似。明显看出，**sol** 复合物是由 $2p(O_{surf})$ 特征的高占据轨道，$5f(U)$ 成分为主的低占据空轨道和 $3d$（Ti）主导的高占据空轨道组成的。与 **dry** 复合物相

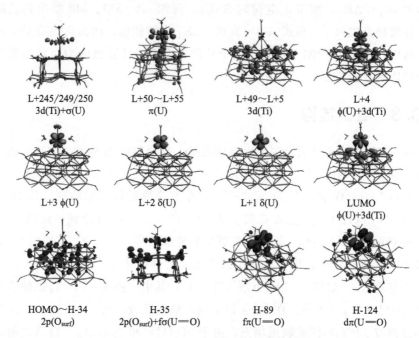

L+245/249/250
3d(Ti)+σ(U)

L+50～L+55
π(U)

L+49～L+5
3d(Ti)

L+4
φ(U)+3d(Ti)

L+3 φ(U)

L+2 δ(U)

L+1 δ(U)

LUMO
φ(U)+3d(Ti)

HOMO～H-34
2p(O_surf)

H-35
2p(O_surf)+fσ(U＝O)

H-89
fπ(U＝O)

H-124
dπ(U＝O)

图 4-9　金红石(110) **dry** SNC 吸附水合铀酰复合物的部分轨道，
为清晰起见，只用一个轨道代表具有相似特征的轨道；
例如，HOMO～H-34 表示所有这些轨道都主要具有
2p(O_surf) 轨道特征，但只给出了 HOMO 轨道图

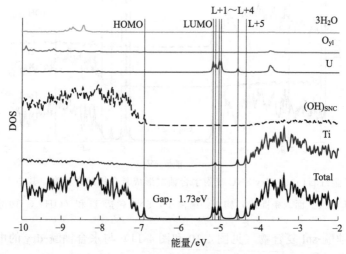

图 4-10　金红石(110) **sol** SNC 吸附水合铀酰复合物的态密度，其中 U、
O_{yl} 和 $3H_2O$（上面三条曲线）构成铀酰离子，SNC 包括 Ti 和 (OH)$_{SNC}$ 两部分

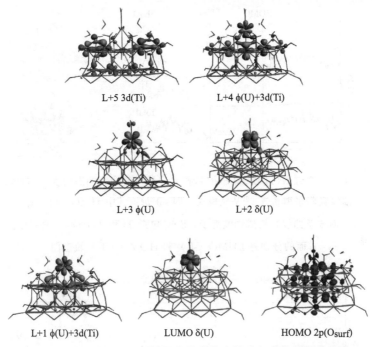

图 4-11　金红石(110) **sol** SNC 吸附水合铀酰复合物的部分轨道

比，表面水分子的加入仅仅将 HOMO-LUMO 的能隙值降低到 1.73eV。类似的情况也在 **sat**、**sol_bt**、**a38**、**a38′** 和 **a40** 复合物中发现（见图 4-12～图 4-18）。因此，表面性质、TiO₂ 晶相、吸附剂缺陷以及吸附剂的电荷和化学计量比不会在本质上显著影响水合铀酰复合物的电子结构，但会改变轨道能量和 HOMO-LUMO 能隙值。

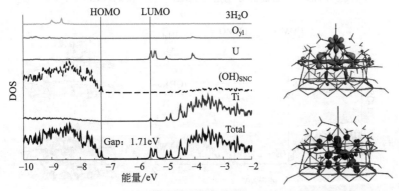

图 4-12　金红石(110) **sat** SNC 吸附水合铀酰复合物的态密度，其中 U、O_{yl} 和 $3H_2O$（上面三条曲线）构成铀酰离子，SNC 包括 Ti 和 (OH)$_{SNC}$ 两部分。右面的分别是 LUMO（上）和 HOMO（下）轨道图

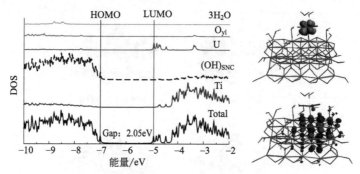

图 4-13　金红石(110) **sol** SNC 吸附水合铀酰复合物的态密度（DOS），

铀酰吸附采取桥连-端基氧模式，即 **sol_bt**。其中 U、O_{yl} 和 $3H_2O$

（上面 3 条曲线）构成铀酰离子，SNC 包括 Ti 和（OH）$_{SNC}$ 两部分。

右面的分别是 LUMO（上）和 HOMO（下）轨道图

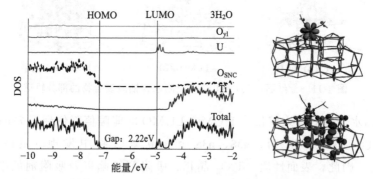

图 4-14　锐钛矿（101）**a38** SNC 吸附水合铀酰复合物的态密度，

其中 U、O_{yl} 和 $3H_2O$（上面三条曲线）构成铀酰离子，SNC 包括 Ti 和

（OH）$_{SNC}$ 两部分。右面的分别是 LUMO（上）和 HOMO（下）轨道图

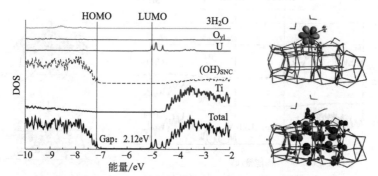

图 4-15　锐钛矿（101）**a38′** SNC 吸附水合铀酰复合物的态密度，

其中 U、O_{yl} 和 $3H_2O$（上面三条曲线）构成铀酰离子，SNC 包括 Ti 和

（OH）$_{SNC}$ 两部分。右面的分别是 LUMO（上）和 HOMO（下）轨道图

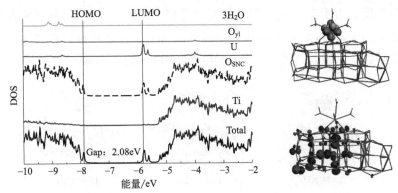

图 4-16 锐钛矿（101）**a40** SNC 吸附水合铀酰复合物的态密度，其中 U、O_{yl} 和 $3H_2O$（上面 3 条曲线）构成铀酰离子，SNC 包括 Ti 和 $(OH)_{SNC}$ 两部分。右面的分别是 LUMO（上）和 HOMO（下）轨道图

不同的是，碳酸根铀酰-**dry** 复合物在高占据轨道显示的是碳酸根的特征轨道，如图 4-17 和图 4-18 所示。更低能的是吸附剂 $2p(O_{surf})$ 为主的特征轨道。相对于水合铀酰-**dry** 复合物，碳酸根基团的引入明显增加了 $5f(U)$ 为主的空轨道的数目。结果，碳酸铀酰-**dry** 呈现出一系列 $3d(Ti)$ 特征的低占据空轨道。对含碳酸根-水分子混合的复合物（见图 4-19 和图 4-20），仔细观察发现碳酸根基团对高占据轨道一直有贡献。这说明它们与吸附质和吸附剂间的相互作用强度无关，因为对于吸附质 $UO_2(H_2O)_2(CO_3)$、$UO_2(H_2O)(CO_3)$ 和 $[UO_2(CO_3)_2]^{2-}$ 计算的 $U-O_{surf}$ 键键长（平均值）分别为 2.77Å、2.64Å 和 3.20Å。相比之下，这种相互作用会影响在低占据空轨道中 $5f(U)$ 原子轨道

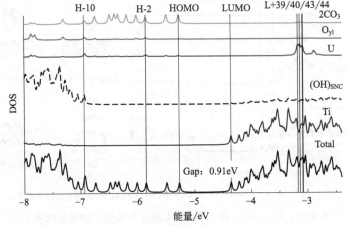

图 4-17 金红石(110) **dry** SNC 吸附碳酸根铀酰复合物的态密度，其中 U、O_{yl} 和 $3H_2O$（上面 3 条曲线）构成铀酰离子，SNC 包括 Ti 和 $(OH)_{SNC}$ 两部分

的参与程度。由于 U—O_{surf} 键长较短（即较强的相互作用），所以铀有相对较大贡献。图 4-21 和图 4-22 表明，羟基铀酰-**dry** 复合物具有与碳酸铀酰-**dry** 相似的电子性质，但轨道能量和 HOMO-LUMO 能隙值不同。

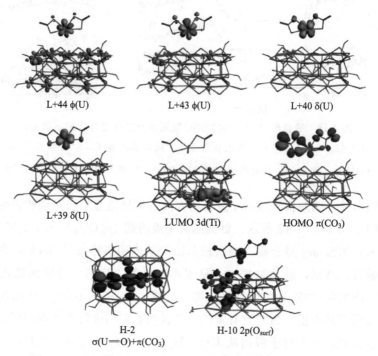

图 4-18　金红石(110) **dry** SNC 吸附碳酸根铀酰复合物的轨道

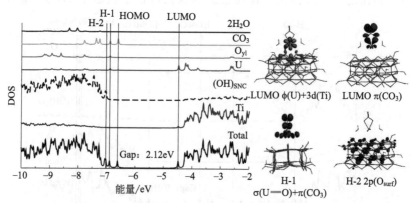

图 4-19　**dry** SNC 吸附两个水分子/碳酸根铀酰复合物的态密度，
其中 U、O_{yl}、CO_3 和 $2H_2O$（上面 4 条曲线）构成铀酰离子，
SNC 包括 Ti 和 $(OH)_{SNC}$ 两部分。右边是部分分子轨道图

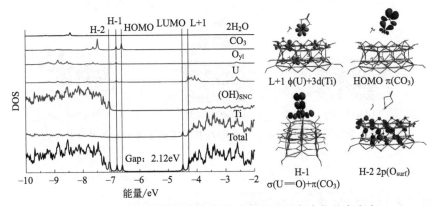

图 4-20 **dry** SNC 吸附一个水分子/碳酸根铀酰复合物的态密度，
其中 U、O_{yl}、CO_3 和 $2H_2O$（上面 4 条曲线）构成铀酰离子，
SNC 包括 Ti 和（OH）$_{SNC}$ 两部分。右边是部分轨道图

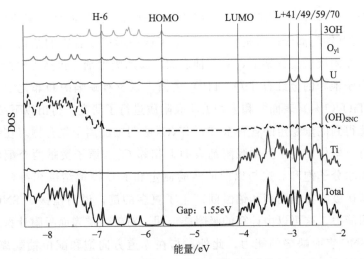

图 4-21 **dry** SNC 上吸附羟基铀酰复合物的态密度，其中 U、O_{yl} 和 $3H_2O$
（上面 3 条曲线）构成铀酰离子，SNC 包括 Ti 和（OH）$_{SNC}$ 两部分

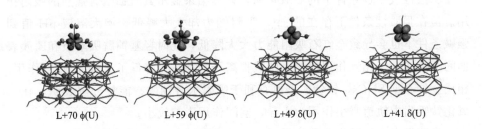

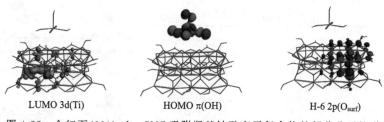

LUMO 3d(Ti)　　　　　HOMO π(OH)　　　　　H-6 2p(O_surf)

图 4-22　金红石(110) dry SNC 吸附羟基铀酰离子复合物的部分分子轨道

4.4
小结

　　用密度泛函理论（DFT）方法研究了金红石和锐钛矿型二氧化钛对水合/碳酸根/羟基铀酰离子的吸附行为。讨论了这些形成复合物的结构、能量和电子性质。在团簇模型框架下，对各种表面性质的吸附剂［包括无水的、部分水合的和质子饱和的金红石 TiO_2(110) 表面，以及有缺陷的和非化学计量比的锐钛矿 TiO_2(101) 表面］和多种 LU 吸附质进行了研究。得出以下结论：

　　优化得到能量稳定的各种金红石 SNCs 吸附铀酰离子复合物。在铀酰赤道方向具有五配位结构，其中吸附剂表面上相邻 O_{surf} 原子贡献两个配位，而另外三个由水分子饱和。这与以前的实验测定和 MD 模拟结果相符合。不同的是，锐钛矿吸附在吸附剂和铀酰间产生了更多的键，说明锐钛矿 SNC 具有更强的吸附能力。这可以由计算的吸附能证明。对锐钛矿表面吸附计算表明，水有修复 SNC 表面缺陷的能力。此外，与在赤道方向饱和配位铀酰离子相比，水分子更喜欢去修复缺陷。

　　金红石(110) 表面性质显著影响二氧化钛的吸附能力。例如，**sol** 代表的是在弱酸性或中性条件下的二氧化钛，计算结果显示其对铀酰有强烈的吸附作用。但在强酸性条件下存在的 **sat**，吸附能力却大大降低。增大溶液 pH 值到强碱条件下也会导致金红石吸附能力大大降低，此时羟基铀酰吸附质和团簇表面间距离较大、相互作用很弱。碳酸根离子的存在也降低了 SNC 的吸附作用。相比金红石型 SNCs，锐钛矿型更有利于吸附水合铀酰。能量分解表明，在二氧化钛吸附中轨道吸引作用为主导，空间作用影响较小。

　　当选择水合铀酰作为吸附质时，所有复合物轨道均具有高占据 $2p(O_{surf})$

轨道、低占据的 5f(U) 空轨道和更高能量的 3d(Ti) 空轨道的电子结构特征。逐渐增加碳酸根基团配位数目导致吸附质-吸附剂间距离增加，同时使得 5f(U) 空轨道能量高于 3d(Ti) 轨道。此外，碳酸铀酰复合物的高占据轨道显示出 $\pi(CO_3)$ 特征，而 $2p(O_{surf})$ 轨道能量稍低。羟基铀酰复合物和纯碳酸根铀酰复合物的电子性质类似。

　　总之，期待计算的吸附复合物的结构、能量和电子信息能为实验上固化放射性核素、限制水合铀酰离子迁移提供理论支持。

参 考 文 献

[1] 原野，毕常芬，李祎亮. 去除水体中放射性核素的磁性纳米材料的研究进展 [J]. 国际放射医学核医学杂志，2020，44（07）：441-446.

[2] 赵海洋，倪士英，张林. 纳米材料在放射性废水处理中的应用进展 [J]. 化工进展，2020，39（03）：1057-1069. DOI：10. 16085/j. issn. 1000-6613. 2019-0924.

[3] 吴琼. 磁性吸附材料在废水中的应用研究进展 [C] //2019 中国环境科学学会科学技术年会论文集（第二卷）. 2019：663-666.

[4] 朱杉. 人工与天然胶体对铀（Ⅵ）的吸附行为研究 [D]. 成都：成都理工大学，2019. DOI：10. 26986/d. cnki. gcdlc. 2019. 000741.

[5] 张蓉，付婧，罗田，等. 氧化石墨烯纳米材料的制备及其对 Eu(Ⅲ) 吸附性能 [J]. 环境化学，2018，37（04）：798-806.

[6] 任会学，李炳瑾，于振宇，等. 常用磁性纳米吸附材料的制备及应用研究进展 [J]. 山东建筑大学学报，2017，32（03）：269-275.

[7] 王祥学. 纳米材料对水体中放射性核素的去除及机理研究 [D]. 合肥：中国科学技术大学，2017.

[8] 张瑞. 生物炭材料在放射性核素吸附应用中的研究 [D]. 合肥：中国科学技术大学，2017.

[9] 杜毅，王建，王宏青，等. 人工纳米材料吸附放射性核素的机理研究 [J]. 农业环境科学学报，2016，35（10）：1837-1847.

[10] 张晓媛，顾平，张光辉. 纳米材料在放射性废水处理中的吸附应用 [J]. 环境化学，2016，35（10）：2162-2171.

[11] 王祥学，李洁，于淑君，等. 放射性核素在天然黏土和人工纳米材料上的吸附机理研究 [J]. 核化学与放射化学，2015，37（05）：329-340.

[12] 盛国栋，杨世通，郭志强，等. 纳米材料和纳米技术在核废料处理中的应用研究进展 [J]. 核化学与放射化学，2012，34（06）：321-330.

[13] 刘淑娟，罗明标，李金英，等. 无机纳米材料吸附分离放射性核素的研究进展 [J]. 环境监测管理与技术，2012，24（03）：6-11.

[14] 王壮. 等级结构木材对放射性核素的吸附行为研究 [D]. 绵阳：西南科技大学，2021.

[15] 杨佳，杜苗，薛瑞. 电感耦合等离子体发射光谱（ICP-OES）法快速测定华阳川铀多金属矿中铌和铅 [J]. 中国无机分析化学，2021，11（1）：26-29.

[16] 代淑慧. 核壳结构 $Fe_3O_4@C@MnO_2$ 磁性纳米粒子吸附放射性核素铀和铈的性能研究 [J]. 南华大学，2020.

[17] 唐凯. 磁性壳聚糖的制备及其对放射性废液中 Th^{4+} 的吸附性能研究 [D]. 重庆：重庆工商大学，2020.

［18］ 原野. 功能化磁性纳米材料的制备及其在糖肽分离富集和核素去除中的应用［D］.
北京：北京协和医学院，2020. DOI：10. 27648/d. cnki. gzxhu. 2020. 000624.

［19］ 何平，杜明华. 放射性核素标记的纳米载体治疗恶性肿瘤的研究进展［J］. 医学综
述，2017，23（20）：4012-4017.

［20］ 王祥学. 纳米材料对水体中放射性核素的去除及机理研究［D］. 合肥：中国科学技
术大学，2017.

［21］ 张晓媛，顾平，张光辉. 纳米材料在放射性废水处理中的吸附应用［J］. 环境化学，
2016，35（10）：2162-2171.

［22］ 石伟群，赵宇亮，柴之芳. 纳米材料与纳米技术在先进核能系统中的应用前瞻［J］.
化学进展，2011，23（07）：1478-1484.